高等职业教育系列教材

电工电子技术应用

主　编　黄淑琴　赵亚平
副主编　树龙珍　马彬彬　孙建中　聂　琼

机械工业出版社

本书包含 7 个项目：直流电路的分析与测试、三相交流电路的安装与调试、可调直流稳压电源的分析与测试、小信号电压放大器的分析与测试、加法计算器电路的分析与设计、抢答器的分析与设计、数字钟的分析与设计。

本书采用项目驱动设计教学内容，电路基础知识、电路分析计算方法的内容以够用为原则，突出基本能力和应用能力，并按技能要求在每个任务后设计了技能训练项目和训练效果评价标准。

本书可作为高职高专非电类的相关专业"电工电子技术"课程教材，也可供从事电气相关工作的工程技术人员参与。

本书提供配套的电子课件，需要的教师可登录 www.cmpedu.com 进行免费注册，审核通过后即可下载；或者联系编辑索取（QQ：1239258369，电话：010-88379739）。

图书在版编目（CIP）数据

电工电子技术应用/黄淑琴，赵亚平主编. —北京：机械工业出版社，2018.9
（2024.9 重印）
高等职业教育系列教材
ISBN 978-7-111-61057-1

Ⅰ.①电… Ⅱ.①黄… ②赵… Ⅲ.①电工技术-高等职业教育-教材
②电子技术-高等职业教育-教材 Ⅳ.①TM ②TN

中国版本图书馆 CIP 数据核字（2018）第 227487 号

机械工业出版社（北京市百万庄大街 22 号　邮政编码 100037）
策划编辑：李文轶　　责任编辑：李文轶
责任校对：张艳霞　　责任印制：李　昂
北京捷迅佳彩印刷有限公司印刷

2024 年 9 月第 1 版·第 9 次印刷
184mm×260mm · 11.5 印张 · 273 千字
标准书号：ISBN 978-7-111-61057-1
定价：45.00 元

电话服务　　　　　　　　网络服务
客服电话：010-88361066　　机　工　官　网：www.cmpbook.com
　　　　　010-88379833　　机　工　官　博：weibo.com/cmp1952
　　　　　010-68326294　　金　书　网：www.golden-book.com
封底无防伪标均为盗版　　　机工教育服务网：www.cmpedu.com

前　言

"电工电子技术"是机电一体化专业或其他非电类专业重要的专业基础课程。本书是按照工作过程对基础知识和技能的要求，结合高职院校培养应用型高级技术人才的定位编写的。

本书加强实践性教学环节，突出知识的应用，删除了大量的理论知识，代之以实物和技能训练，使学生形象直观地理解知识点的内涵及应用。本书的每一个任务都有技能训练项目，使学生通过任务的完成、工作过程的体验，掌握相应的知识和技能，提高学习兴趣，激发学习动力。全书融"教、学、做"为一体，着力体现"学中做、做中学、教中学"的职业教育的教学模式。各部分内容前后贯通、有机结合，既有基础理论，又有新技术、新方法，力求与时俱进。

本书共有7个项目，23个任务，27个技能训练。分别介绍了直流电路的分析与测试、三相交流电路的安装与调试、可调直流稳压电源的分析与测试、小信号电压放大器的分析与测试、加法计算器电路的分析与设计、抢答器的分析与设计、数字钟的分析与设计。每个任务按照"学习目标、任务布置、任务分析、知识链接、任务实施"五个模块陈述内容。其中，学习目标是项目内容概述与目标要求。任务布置是针对目标要求提出相应需要掌握的基本技能。任务分析是对任务进行分析并提出相应的学习方法和措施。知识链接是理论知识部分。任务实施是完成工作任务。

本书是机械工业出版社组织出版的"高等职业教育系列教材"之一，由泰州职业技术学院黄淑琴教授和苏州农业职业技术学院赵亚平副教授担任主编，泰州职业技术学院树龙珍高级工程师、马彬彬、孙建中老师和苏州农业职业技术学院聂琼老师担任副主编。参与编写的还有泰州职业技术学院钱佳老师和苏州锋陵特种电站装备有限公司朱圣荣高级工程师。

在编写过程中，泰州职业技术学院机电一体化专业老师们群策群力，提出了不少中肯的修改意见。在此，对本书编写与出版中付出辛勤劳动的全体同志深表感谢。

由于编者水平有限，书中错漏或不妥之处，恳请读者批评指正。

编　者

目　录

前言

项目1　直流电路的分析与测试 ························· 1

    任务1.1　认识触电方式及防触电措施 ························· 1

        1.1.1　触电的原因 ························· 1

        1.1.2　触电方式 ························· 2

        1.1.3　预防触电的措施 ························· 3

        1.1.4　技能训练：电工实验台THHH-1结构认识 ························· 5

    任务1.2　认识电工实训室 ························· 6

        1.2.1　常用电工工具的认识 ························· 6

        1.2.2　常用电工仪表的使用 ························· 8

        1.2.3　技能训练：电工实验室仪表及设备的使用 ························· 11

    任务1.3　认识电路的基本物理量 ························· 13

        1.3.1　电路及电路图 ························· 13

        1.3.2　电路的基本物理量、电路的功率及其测试 ························· 14

        1.3.3　技能训练：电压、电流的测量 ························· 17

    任务1.4　认识欧姆定律和基尔霍夫定律 ························· 19

        1.4.1　电阻元件及其检测 ························· 19

        1.4.2　电源元件、两种组合模型的等效变换及测试 ························· 22

        1.4.3　基尔霍夫定律及其验证 ························· 24

        1.4.4　技能训练：电阻的测量、线性电阻特性曲线的测绘 ························· 25

        1.4.5　技能训练：基尔霍夫定律的验证 ························· 27

    任务1.5　电路分析方法及其应用 ························· 28

        1.5.1　支路电流法及其应用 ························· 28

        1.5.2　节点电压法及其应用 ························· 29

        1.5.3　叠加定理及其应用 ························· 29

        1.5.4　戴维南定理及其运用 ························· 30

        1.5.5　技能训练：支路电流法、节点电压法求解电路参数的验证 ························· 31

        1.5.6　技能训练：叠加定理的验证 ························· 32

项目2　三相交流电路的安装与调试 ························· 34

    任务2.1　正弦交流电路的分析与测试 ························· 34

        2.1.1　正弦交流电路的基本概念及正弦量的相量表示 ························· 35

        2.1.2　单一元件的正弦交流电路 ························· 37

        2.1.3　交流电路的功率、功率因素 ························· 41

        2.1.4　技能训练：信号发生器、示波器等仪器的使用及交流信号三要素的测量 ························· 42

2.1.5　技能训练：单相交流电路的测量 ················· 44
　任务 2.2　三相交流电路的分析与测试 ························· 46
　　2.2.1　三相交流电源 ······································ 47
　　2.2.2　三相电路中负载的联结 ····························· 48
　　2.2.3　三相交流电路的功率 ······························· 49
　　2.2.4　技能训练：三相负载的联结 ························· 50

项目 3　可调直流稳压电源的分析与测试 ··························· 53
　任务 3.1　二极管的分析与测试 ······························ 53
　　3.1.1　二极管的单向导电性 ······························· 53
　　3.1.2　二极管的主要参数及类型 ··························· 55
　　3.1.3　二极管的简单检测 ·································· 55
　　3.1.4　技能训练：元器件的识别与简单测试 ················· 56
　任务 3.2　整流电路及其电路测试 ···························· 60
　　3.2.1　单相半波整流电路 ·································· 60
　　3.2.2　单相桥式整流电路 ·································· 61
　　3.2.3　技能训练：整流电路组装与测量 ····················· 62
　任务 3.3　滤波电路及其电路测试 ···························· 64
　　3.3.1　电容滤波 ·· 64
　　3.3.2　电感滤波 ·· 65
　　3.3.3　复式滤波 ·· 65
　　3.3.4　技能训练：滤波电路组装与测量 ····················· 66
　任务 3.4　稳压电路及其电路测试 ···························· 67
　　3.4.1　简单的稳压电路 ···································· 67
　　3.4.2　集成稳压电路 ······································ 68
　　3.4.3　技能训练：集成稳压电路组装与测量 ················· 69

项目 4　小信号电压放大器的分析与测试 ··························· 71
　任务 4.1　晶体管的分析与测试 ······························ 71
　　4.1.1　晶体管的结构 ······································ 71
　　4.1.2　晶体管的电流放大作用 ······························ 72
　　4.1.3　技能训练：晶体管参数测量及质量指标检测 ············ 75
　任务 4.2　基本放大电路的分析与测试 ························· 77
　　4.2.1　基本放大电路的组成及作用 ·························· 77
　　4.2.2　基本放大电路的分析方法 ···························· 78
　　4.2.3　放大电路中的负反馈 ································ 84
　　4.2.4　功率放大电路 ······································ 85
　　4.2.5　技能训练：单级放大电路的调整与测试 ················ 88
　　4.2.6　技能训练：负反馈放大电路的测试 ···················· 91
　任务 4.3　集成运算放大器的分析与测试 ······················· 93
　　4.3.1　集成运算放大器简介 ································ 94

4.3.2 集成运算放大器的符号、类型及主要参数 95
4.3.3 集成运算放大器的线性应用 96
4.3.4 集成运算放大电路的非线性应用 99
4.3.5 技能训练：集成运算放大器应用电路 100

项目 5 加法计算器电路的分析与设计 103
任务 5.1 认识数字电路 103
5.1.1 数制 103
5.1.2 数制转换 104
5.1.3 编码 105
5.1.4 逻辑代数及其应用 106
5.1.5 技能训练：数字电路实验箱的使用 109

任务 5.2 分析与设计逻辑门电路 111
5.2.1 TTL 三态门 111
5.2.2 CMOS 传输门电路 112
5.2.3 集成门电路的使用与连接 113
5.2.4 TTL 和 CMOS 接口电路 113
5.2.5 技能训练：门电路逻辑功能测试 114

任务 5.3 组合逻辑电路的分析与设计 116
5.3.1 加法器 117
5.3.2 技能训练：组合逻辑电路的设计与测试 119

项目 6 抢答器的分析与设计 121
任务 6.1 编码器的分析与测试 121
6.1.1 二进制编码器 121
6.1.2 二-十进制编码器 122
6.1.3 集成编码器 124
6.1.4 技能训练：8 线-3 线优先编码器 74LS148 组合逻辑电路的测试 124

任务 6.2 译码器的分析与测试 125
6.2.1 译码显示电路 126
6.2.2 数值比较器 129
6.2.3 数据选择器 131
6.2.4 技能训练：数据选择器的逻辑功能测试 133

任务 6.3 触发器的分析与测试 134
6.3.1 RS 触发器 134
6.3.2 JK 触发器 136
6.3.3 D 触发器 138
6.3.4 触发器逻辑功能的转换 138
6.3.5 技能训练：触发器逻辑功能测试 139

任务 6.4 抢答器电路设计 142
6.4.1 数码寄存器 142

6.4.2　乘 2 运算电路（移位寄存器） ··· 143
　　6.4.3　三人抢答电路 ·· 144
　　6.4.4　技能训练：四位双向移位寄存器的测试及抢答器的设计与调试 ······ 144

项目 7　数字钟的分析与设计　148
任务 7.1　计数器的分析与测试 ·· 148
　　7.1.1　计数器的基本概念及基本原理 ·· 148
　　7.1.2　集成同步计数器 ··· 150
　　7.1.3　集成异步计数器 ··· 152
　　7.1.4　任意进制计数器的实现 ·· 154
　　7.1.5　技能训练：集成计数器 74LS161 逻辑功能测试 ······················· 157
任务 7.2　数字钟电路的设计 ·· 159
　　7.2.1　数字钟电路简介 ··· 159
　　7.2.2　模块电路 ··· 161
　　7.2.3　技能训练：数字钟电路的搭建与测试 ···································· 164

附录　常用二极管和晶体管参数选录　166
参考文献　173

项目1 直流电路的分析与测试

【项目描述】

现代生活离不开电，用电就需要有电路。电路的组成和作用，电路的基本物理量，电路的基本定律、定理，电位的概念及计算，直流电路的基本分析法等，都是电工学的基础内容。

任务1.1 认识触电方式及防触电措施

【学习目标】

1）了解人体触电的知识。
2）能分析引起触电的原因。
3）熟悉预防触电常用的措施。

【任务布置】

通过知识链接认识各种不同触电方式的危险性。通过知识链接和技能训练认识常用电器的防触电方式。

【任务分析】

循序渐进地完成本任务，并从身边常用电器的使用中体会本部分内容的应用。

【知识链接】

1.1.1 触电的原因

大地的电位为零。当人体碰触到对地电压不为零的电源，同时身体的任何部位接触到和大地导通（电阻低）的物体时，这两点就形成了电流的通路，从而造成人体的触电。不同的场合，引起触电的原因也不一样，根据日常用电情况，触电原因有以下四种。

1. 线路故障

线路中导线破旧、绝缘损坏或敷设不合格时，容易造成触电或短路而引起火灾；无线电设备的天线、广播线或通信线与电力线距离过近或同杆架设时，如发生断线或碰线，电力线电压就会传到这些设备上而引起触电；电气工作台布线不合理，使绝缘线绝缘层破损而引起触电等。

2. 用电设备不合格

用电设备的绝缘被损坏而造成漏电，外壳无保护接地线或保护接地线接触不良而引起触电；开关和插座的外壳破损或导线绝缘老化，失去保护作用而引起触电；线路或用电器具接线错误，致使外壳带电而引起触电等。

3. 操作不规范

带电操作、违规修理或盲目修理，且未采取切实的安全措施，均会引起触电；使用不合格的安全工具进行操作，如使用绝缘损坏的工具，用竹竿代替高压绝缘棒，用普通胶鞋代替绝缘靴等，均会引起触电；停电检修线路时，刀开关上未挂安全警告牌，其他人员误合开关而造成触电等。

4. 电器使用不当

在室内违规乱拉电线，乱接用电器具，使用中不慎而造成触电；未切断电源就去移动灯具或电器，若电器漏电就会造成触电；更换熔丝时，随意加大熔丝规格或用铜丝代替熔丝，使之失去保险作用就容易造成触电或引起火灾；用湿布擦拭或用水冲刷电线和电器，引起绝缘性能降低而造成触电等。

1.1.2 触电方式

1. 单相触电

单相触电是一种常见的触电方式。人体的一部分接触带电体的同时，另一部分又与大地或中性线（零线）相接，电流从带电体流经人体到大地（或中性线）形成回路，这种触电是单相触电，如图1-1所示。

2. 两相触电

人体的不同部位同时接触两相电源带电体而引起的触电是两相触电，如图1-1所示。对于这种情况，无论电网中性点是否接地，人体所承受的线电压将比单相触电时高，危险性更大。

3. 跨步电压触电

雷电流入地时，或载流电力线（特别是高压线）断落到地时，会在导线接地点及周围形成强电场。其电位分布以接地点为圆心向周围扩散、逐步降低，而在不同位置形成电位差（电压），人、畜跨进这个区域，两脚之间将存在电压，该电压被称为跨步电压。在这种电压作用下，电流从接触高电位的脚流进，从接触低电位的脚流出，这就是跨步电压触电，如图1-2所示。图中，坐标原点表示带电体接地点，横坐标表示位置，纵坐标负方向表示电位分布。U_{k1}为人两脚间的跨步电压，U_{k2}为马两脚之间的跨步电压。

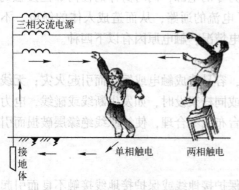

图1-1 单相及两相触电示意图

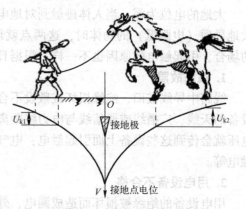

图1-2 跨步电压示意图

4. 安全电压

加在人体上一定时间内不致造成伤害的电压是安全电压。为了保障人身安全，使触电者能够自行脱离电源，不至于引起人身伤亡，各国都规定了安全电压。

我国规定的安全电压为：50~500 Hz 的交流电压额定值有 36 V、24 V、12 V、6 V 四种，直流电压额定值有 48 V、24 V、12 V、6 V 四种，以供不同场合使用。还规定安全电压在任何情况下均不得超过 50 V 有效值，当使用大于 24 V 的安全电压时，必须有防止人身直接触及带电体的保护措施。在高温、潮湿场所使用的安全电压规定为 12 V。

1.1.3 预防触电的措施

1. 预防直接触电的措施

（1）绝缘措施

用绝缘材料将带电体封闭起来的措施称为绝缘措施。良好的绝缘是保证电气设备和线路正常运行的必要条件，是防止触电事故的重要措施。

（2）屏护措施

采用屏护装置将带电体与外界隔绝开来，以杜绝不安全因素的措施被称为屏护措施。常用的屏护装置有遮栏、护罩、护盖、栅栏等。如常用电器的绝缘外壳、金属网罩、金属外壳、变压器的遮栏、栅栏等都属于屏护装置。凡是金属材料制作的屏护装置，应妥善接地或接零。

（3）间距措施

为防止人体触及或过分接近带电体，为避免车辆或其他设备碰撞或过分接近带电体，为防止火灾、过电压放电及短路事故，为操作方便，在带电体与地面之间、带电体与带电体之间、带电体与其他设备之间，均应保持一定的安全间距，称之为间距措施。安全间距的大小取决于电压的高低、设备的类型、安装的方式等因素。

2. 预防间接触电的措施

（1）加强绝缘措施

对电气线路或设备采取双重绝缘或对组合电气设备采用共同绝缘被称为加强绝缘措施。采用加强绝缘措施的线路或设备绝缘牢靠，难于损坏，即使绝缘损坏后，还有一层加强绝缘，不易发生带电金属导体裸露而造成间接触电。

（2）电气隔离措施

采用隔离变压器或具有同等隔离作用的发电机，使电气线路和设备的带电部分处于悬浮状态叫电气隔离措施。即使该线路或设备绝缘损坏，人站在地面上与之接触也不易触电。应注意的是：被隔离回路的电压不得超过 500 V，其带电部分不得与其他电气回路或大地相连，才能保证其隔离要求。

（3）自动断电措施

在带电线路或设备上发生触电事故或其他事故（短路、过载、欠电压等）时，在规定时间内，能自动切断电源而起保护作用的措施被称为自动断电措施。如漏电保护、过电流保护、过电压或欠电压保护、短路保护、接零保护等均属自动断电措施。

3. 保护接地与保护接零措施

(1) 供电制式

我国交流低压（380V/220V）的供电系统运行方式有 TN（TN-C、TN-C-S、TN-S）、TT、IT 三种。TN 表示变压器低压侧绕组的中性点接地，并引出零线（N 线），所有用电设备的金属外壳、与外壳相连的金属构架均采用保护接零方式；TT 表示变压器低压侧绕组的中性点接地，所有用电设备的金属外壳、与外壳相连的金属构架均采用保护接地方式。IT 表示变压器低压侧绕组的中性点不接地或经高阻接地，所有用电设备的金属外壳、与外壳相连的金属构架均采用保护接地方式。

我国早期电气设备数量少，所以低压供电普遍采用比较经济的 TN-C 方式，即整个系统的中性线（零线）与保护线（PE）是合在一起共用的一个系统（PEN），见图 1-4。

随着电气化发展使用电设备数量剧增。当零线断开时会使采用保护接零的电气设备外壳带电。为了提高保护接零的可靠性，从 TN-C 系统衍生出 TN-C-S 方式。即从变压器低压侧中性点的接地点至配电箱的这一段零线（N 线）和保护线（PE 线）是共用的，从配电箱至各用户的 PE 线和 N 线则分成两路，分别引入用户设备，从而大大提高了保护接零的可靠性。但是，由于系统中的 PEN 线始终会有一定的不平衡电流流过。不能满足对设备安全及抗电磁干扰性要求很高的场所。这样就有了 TN-S。

在 TN-S 方式中，PE 线与 N 线在系统中始终是分开的，平时 PE 线上无电流通过，只有在设备发生漏电或单相电源对设备金属外壳短路时，才会有故障电流流过，使用电系统的可靠性、安全性、抗电磁干扰性得到了进一步的提高，但其投资费用也是 TN 方式中最高的。

在发达国家普遍采用的是 TT 方式，在用电设备的安全性和抗电磁干扰性方面优于 TN 中的 TN-C 和 TN-C-S。但在 TT 低压供电系统中，要求用户线路上配有合格的漏电保护装置。目前，我国一些高档小区、科研实验等一些对用电要求比较高的的场所，已有不少采用 TT 低压供电系统的。

在 IT 系统（图 1-3）中，由于变压器低压侧中性点不允许对其配中性线作为 220V 单相电源供电，所以不适合居民和一般工厂生产用电。该系统的主要特点：因人员意外发生单相触电的危害程度大大降低；电网供电线路中如发生单相对地短路故障时，供电系统仍可带"病"运行，保证电气设备继续正常工作。所以其主要应用在医院手术室、矿山、井下及易燃易爆等危险场所。

(2) 保护接地

保护接地中电气设备的金属外壳、构架与专用接地装置可靠连接，应用于 TT、IT 低压供电系统。若设备漏电，外壳和大地之间的电压将通过接地装置将电流导入大地。如果有人接触漏电设备外壳，此时人体与漏电设备并联，因人体电阻 R_b 远大于接地装置对地电阻 R_e，通过人体的电流非常微弱，从而降低了触电危险性。该保护接地原理如图 1-3 所示。

(3) 保护接零

保护接零中电气设备的金属外壳、构架与系统中的零线可靠连接，应用于 TN 低压供电系统中，如图 1-4 所示。此时，若电气设备漏电致使其金属外壳带电时，设备外壳将与零线之间形成良好的电流通路。若人接触设备金属外壳时，由于人体电阻 R_b 远大于设备外壳与零线之间的接触电阻 R_e，通过人体电流必然很小，降低了触电危险性。

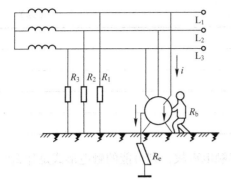
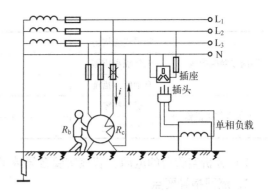

图 1-3 保护接地示意图　　　　　图 1-4 保护接零示意图

【任务实施】

1.1.4 技能训练：电工实验台 THHH-1 结构认识

1. 训练任务

熟悉电工实验台的结构及各类防触电措施。

2. 训练目标

1）培养安全用电职业意识。

2）对实验实训室安全用电有基本认识。

3. 仪表仪器与设备

电工实验台 THHH-1。

4. 相关知识

实验台可为电路提供三相 380 V、单相 220 V 可调交流电源，和两路可调直流恒压源及恒流源。实验台外壳为金属，为使用安全，采取了防触电措施。

5. 训练要求

1）拔下实验台的三相电源插座，断电后进行本次训练。

2）训练过程中要树立安全职业意识。

3）训练结束要进行整理、清理等 7S[⊖] 活动。

6. 训练步骤

1）在电工实验台未通电情况下，打开其后面板，认识其结构，指出其所采用的防直接触电及防间接触电的措施，并将其记入表 1-1 中。

表 1-1　电工实验台防触电措施

	绝缘措施	
防直接触电措施	屏护措施	
	间距措施	

⊖ 7S 管理起源于日本，是指在生产现场对人员、机器、材料、方法、信息等生产要素进行有效管理。实验室 "7S" 行动是：整理（区分物品用途）；整顿（对必需品分区放置）；清扫（清除垃圾和脏污）；清洁（维持前 3 步的成果，形成清洁的环境）；素养（养成良好的习惯，提高整体素质）；安全（确保实验安全）；节约（勤俭节约，爱护公物）。

(续)

防间接触电措施	加强绝缘措施	
	电气隔离措施	
	自动断电措施	
降低触电伤害措施	保护接零	
	保护接地	

2）分析实验台的电源，若该实验台导致了直接触电事故，则可能的触电形式是什么？

7. 巡回指导要点

1）指导学生正确地拆开实验台背板。
2）指导学生正确认识各类防触电措施。

8. 训练效果评价标准

1）正确、有序执行实验步骤（10分）。
2）能在表1-1中具体地描述各类安全措施（30+30+20=80分）。
3）"7S"执行情况（10分）。

9. 分析与思考

日常生活和工作中发生触电的隐患有哪些？如何防止触电的发生？

任务1.2 认识电工实训室

【学习目标】

1）熟悉常用电工工具及仪表的用途。
2）能掌握常用电工工具的使用方法和操作要领。
3）能掌握常用电工仪表的使用方法和操作要领。
4）能正确操作电工实验台。

【任务布置】

认识实训室仪器及设备，有利于学生能正确使用实训室的仪器设备。

【任务分析】

任务的完成要循序渐进，第一步是仪器设备的结构认识；第二步是设备的电源认识；第三步是仪器设备的使用。

【知识链接】

1.2.1 常用电工工具的认识

1. 验电笔

验电笔用于测量500 V以下的导体或各种用电设备外壳是否带电。验电笔外形像钢笔

（或圆珠笔），由氖管、电阻、弹簧、笔尖、笔身和笔挂组成。当笔尖（探头）探测到物体的带电电压超过 60 V 时，人体通过验电笔与大地形成回路，氖管内形成辉光放电。使用前应先通过有电导体验证验电笔是否正常。

用验电笔通电的方式可区别相线和零线，相线发光，零线一般不发光。用验电笔通电的方式可区别直流与交流，被测电压为直流时，氖灯里的两个极只有一个发光，而交流时为两个极都发光。用验电笔通电的方式可区别直流电压的正、负极，将验电笔分别接在直流电的正、负极之间，发光电极所接的是负极，不发光电极所接的为直流电的正极。用验电笔通电的方式可区别电压的高、低，被测导电体电压越高，氖管发光越亮。检查相线接地漏电时，对地漏电一相对应的氖管亮度较弱。

2. 螺钉旋具

螺钉旋具根据其头部形状可分为一字形和十字形。

螺钉旋具使用如图 1-5 所示。螺钉旋具尺寸应与螺钉尺寸相对应，且应与螺钉头垂直，边压紧边旋转。当螺钉旋具的金属杆触及带电体时为避免手指碰触金属杆，应在螺钉旋具金属杆上套绝缘管。

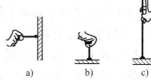

图 1-5 螺钉旋具操作示意图
a) 螺钉旋具水平 b) 螺钉旋具垂直
c) 小螺钉旋具垂直

3. 钢丝钳、尖嘴钳及斜口钳

钢丝钳钳头包括钳口、齿口、刀口、铡口四部分。钳柄上装有绝缘套。

齿口可用来弯绞、钳夹线头及旋动螺钉、螺母。用刀口剪导线、拔起铁钉或剥导线绝缘层等等。用铡口铡断较硬的金属材料。常用的规格按其长度可分为 150 mm、175 mm、200 mm 三种。

另外电工还常用头部尖细、适用于狭小空间操作的尖嘴钳，它除头部形状与钢丝钳不完全相同外，其功能相似，规格按其全长通常分为 130 mm、160 mm、180 mm、200 mm 四种。主要用于切断较小的导线、金属线，夹持小螺钉、垫圈，并可将导线端头进行弯曲成形。

还有一种电工常用的钳子，其头部扁斜，被称为斜口钳。其专门用于剪断较粗的电线和其他金属丝。电工常用绝缘柄斜口钳，其绝缘柄耐压在 1000 V 以上。

注意事项：在使用钳之前，必须保证绝缘手柄的绝缘性能良好，以保证带电作业时的人身安全。用钢丝钳剪切带电导线时，严禁用刀口同时剪切相线和零线，或同时剪切两根相线以免发生短路事故。

4. 活扳手

活扳手的规格较多，电工常用的有 150 mm×19 mm、200 mm×24 mm、250 mm×30 mm、300 mm×36 mm 等几种。使用时，将扳口放在螺母上，调节蜗轮，使扳口将螺母轻轻夹持住，如图 1-6 所示方向施力（不可反用，否则有可能损坏活扳唇）。旋动螺母、螺杆时，必须把工件的两侧平面夹定，以免损坏螺母或螺杆的棱角。

5. 电工刀

电工刀在电气操作中主要用于剖削导线绝缘层、削制木棒、切割木台缺口等。使用电工刀时，刀口应朝外进行切削。剖削导线绝缘层时，应使刀面与导线成较小的锐角，以

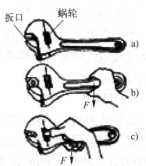

图 1-6 扳手操作示意图
a) 外形 b) 扳大螺母握法
c) 扳小螺母握法

避免割伤线芯。电工刀刀柄无绝缘保护，不能接触或剖削带电导线及器件。

6. 镊子

镊子主要用于挟持导线线头、元器件等小型工件。在电工中镊子头部较尖。

1.2.2 常用电工仪表的使用

电工仪表对整个电气系统的检测、监视起着极为重要的作用。电流表、电压表和万用表则是电工检测和维修的基本工具。本模块将介绍电流表、电压表及万用表等仪表的测量原理及使用方法。

1. 常用电工仪表的分类

电工仪表按测量对象不同，分为电流表（安培表）、电压表（伏特表）、功率表（瓦特表）、电度表（千瓦时表）、欧姆表等。

按仪表工作原理的不同，分为磁电式、电磁式、电动式、感应式等。

按误差等级不同，分为0.1级、0.2级、0.5级、1.0级、1.5级、2.5级和4级共七个等级。

2. 电压表和电流表

电流表用来测量电路中的电流，单位为安培（A）。电压表用来测量电路两端电压，单位为伏特（V）。

（1）分类

测量直流电流和直流电压多使用磁电式仪表，测交流电流和交流电压多用电磁式仪表。

磁电式仪表主要部件是在永久磁铁内放入一个能够绕轴转动的线圈。当有电流流过线圈时，线圈两侧导体受到大小相等、方向相反的电磁力，使线圈发生偏转，同时带动仪表指针偏转同样角度。

电磁式仪表主要由固定线圈、固定铁片和可动铁片组成，其中固定线圈被固定在仪表座上。固定铁片则被固定放置在线圈内壁上。可动铁片装在仪表的转轴上，可绕轴转动。当线圈内有被测电流通过时会产生磁场，使固定铁片和可动铁片同时被磁化，且它们沿轴向的对应端极性相同而互相排斥，从而使可动铁片带动转轴上的指针绕轴转动。如果被测电流是交流电流，两个铁片的极性同时改变，仍然是互相排斥，指针偏转方向不变。所以，电磁式仪表可以测量交流电量。实际上电磁式仪表可以做成交、直流两用电表。

（2）使用方法

电流表串入电路，其理想电阻应为零；电压表并入电路，其理想电阻应为无穷大。对直流电压或电流测量时接线要注意正、负极并选择合适的量程（在信号值大小未知的情况下，先接最大量程）。

3. 万用表

指针式万用表的表头为磁电系电流表，数字式万用表的表头为数字电压表。万用表的型号很多，但测量原理基本相同。指针式M500-B型万用表的表头灵敏度为40μA，表头内阻为3000Ω。表中左上角 ⌐ 表示为磁电整流式仪表；⌐ 表示使用时要水平放置。

（1）测量原理

1）直流电流档。

万用表的直流电流档实质上是一个多量程的直流电流表。由于其表头的满量程对应的电流值很小，所以采用内附分流器的方法来扩大电流量程。量程越大，配置的分流电阻越小。

2）直流电压档。

万用表的直流电压档实质上是一个多量程的直流电压表。它采用多个附加电阻与表头串联的方法来扩大电压量程。量程越大，配置的串联电阻也越大。

3）交流电压档。

万用表测量交流电压时，先要将交流电压经整流器变换成直流后再送给磁电系表头，即万用表的交流测量部分实际上是整流系仪表，其标尺刻度是按正弦交流电压的有效值标出的。由于整流器在小信号时有非线性，因此交流电压低档位的标尺刻度起始处的一小段不均匀。

4）电阻档。

万用表的电阻档实质上是一个多量程的欧姆表。

（2）使用方法

1）使用前的准备。

以 MF-500B 为例（图 1-7）。把万用表水平放置好，看表针是否在标尺的左端零位上，如不在，用螺钉旋具调节机械调节器 S3，使指针归零。

图 1-7　MF-500B 万用表外形图

万用表有红色和黑色两只表笔（测试棒），使用时应插在表的下方标有"+"和"*"的两个插孔内，红表笔插入"+"插孔，黑表笔插入"*"插孔。

万用表有两个转换开关 S1 和 S2，用以选择测量的物理量和量程，使用时应根据被测物理量及其大小选择相应档位。在被测量大小不详时，应先选用较大的量程测量，如不合适再改用较小的量程，以表头指针指到满刻度的 2/3 以上位置为宜。

万用表的刻度盘上有许多标度尺，分别对应不同被测量和不同量程，测量时应在与被测电量及其量程相对应的刻度线上读数。

2) 电流的测量。

测量直流电流时,将S2旋到直流电流档"A"的位置上,再用S1选择适当的电流量程,将万用表串联到被测电路中进行测量。测量时注意两只表笔与正、负极的连接必须正确,若指针反偏则将两表笔的位置互换。

3) 电压的测量。

测量电压时,将S1转到电压档"Ⅴ"的位置上,再用S2选择适当的电压量程,将万用表并联在被测电路上进行测量。测量直流电压时,两只表笔与正、负极的连接必须正确,红表笔应接被测电路的高电位端,黑表笔接低电位端。测量大于500 V的电压时,应使用高压测试棒,插在"*"和"2500 V"插孔内,并应注意安全。

被测的交、直流电压值,由表盘的相应量程刻度线上读数。

4) 电阻的测量。

测量电阻时,将S2旋到欧姆档"Ω"的位置上,再用S1选择适当的电阻档倍率。测量前应先调整欧姆零点,将两表笔短接,看表针是否指在欧姆零刻度上,若不指零,应转动S4旋钮,使表针指在零点。如调不到零,说明表内的电池电量不足,需更换电池。每次变换倍率档后,应重新调零。

测量时,用红、黑两表笔接在被测电阻两端进行测量,为提高测量的准确度,选择量程时应使表针指在欧姆刻度的中间位置附近为宜,测量值由表盘上欧姆刻度线上读数。被测电阻值=表盘欧姆读数×档倍率。

测量接在电路中的电阻时,须断开电阻的一端或断开与被测电阻相并联的所有电路,此外还必须断开电源,对电解电容进行放电,不能带电测量电阻。

4. 实验台

(1) 实验台交流电源的启动

1) 将实验台左侧上方的断路器拨至OFF,然后将实验台的三相四芯插头接通三相380 V交流市电。注意:本装置可适用于三相四线制和三相五线制电源。

2) 将实验屏左侧面调压器的旋转手柄按逆时针方向旋至零位。将"电压指示切换"开关置于"三相电网输入"侧,将断路器拨至ON。此时,实验屏正面左侧的三相四芯电源插座即有380 V交流电压输出。此插座可用来串接另一实验台的电源插头。但要注意,最多只能依次串接两台实验台。

3) 开启钥匙式三相电源总开关,"红色停止"按钮灯亮,3只电压表(0~450 V)显示输入三相电源线电压之值。此时,实验屏正面左侧两芯220 V电源插座及右侧面的单相三芯220 V电源插座处均有相应的交流电压输出。

4) 按下绿色"启动"按钮,红色"停止"按钮灯灭,绿色"启动"按钮灯亮,同时可听到屏内交流接触器的瞬间吸合声,面板上与U_1、V_1和W_1相对应的黄、绿、红3个LED指示灯亮。至此,实验屏各部分电源接通。

实验屏的关闭顺序与启动顺序相反。

(2) 实验台直流稳压电源的使用

开启直流稳压电源开关,两路稳压电源的输出插孔即有电压输出。

1) 用输出调节的多圈电位器旋钮可平滑地调节输出电压值,其调节范围为0~30 V,额定电流为1 A。

2) 两路稳压源既可单独使用、也可组合使用，构成 0~±30 V 或 0~±60 V 电源。

3) 两路输出均设有软截止保护功能，但应尽量避免输出短路。

【任务实施】

1.2.3 技能训练：电工实验室仪表及设备的使用

1. 训练任务

1) 学会电工实验台上各种电源的接通、判断及调节。
2) 学会万用表的使用。

2. 训练目标

1) 能熟练正确地使用电工实验台上的各种电源。
2) 能使用万用表进行电压、电阻等参数的测量。

3. 仪表仪器与设备

THHE-1 型电工实验台；MF500-B 万用表、电阻箱（20 Ω、500 Ω、2000 Ω 电阻各一只）。

4. 相关知识

1) 实验台可为电路提供三相、单相可调交流电源和两路可调直流恒压源及恒流源，为电路提供电能。

2) 万用表是电工的基本、必备工具，有指针式和数字式两种。指针式万用表使用时要水平放置，读数时要正对表盘。

3) 用万用表测量电阻的过程中测试表笔应与被测电阻接触良好，以减少接触电阻的影响；手不得触及表笔的金属部分，以防止将人体电阻与被测电阻并联，引起不必要的测量误差。

5. 训练要求

1) 按要求正确操作仪表及设备，要有目的地操作各个旋钮，不要盲目操作。
2) 对指针式仪表在读取数据时应正对其刻度盘，注意读取精度。
3) 训练过程中，有问题要及时询问指导老师。
4) 对仪器和仪表要轻拿轻放，文明操作，安全第一。
5) 训练结束要进行整理、清理等 7S 活动。

6. 任务实施步骤

（1）实验台的使用

1) 按实验台的使用要求，给实验台接通电源，拨动"电压指示切换"至"三相电网输入"侧，在 3 只电压表上读出电源电压的有效值。

2) 拨动"电压指示切换"至"调压器输出"侧，调节实验台左侧面的调压器旋钮，使 3 只电表显示值为 220 V。

3) 打开直流电压源开关，弹出直流电压表下方按键开关，调节 U_A 旋钮，使电压表指示值为 5 V；按下直流电压表下方按键开关，调节 U_B 旋钮，使电压表指示值为 12 V。

4) 任务完成后，按照操作要求，使实验台所有被操作部分复位并切断其电源。

（2）MF500-B 型万用表的使用

1) 交、直流电压的测量。

● 按照实验台的使用部分的实验内容 1)~3) 要求进行操作。

- 将 S1 转到电压档 "V" 的位置上，再用 S2 选择适当的电压量程。
- 万用表的两表笔与 U、V、W 中任两孔接触，测量市电电压值并记入下表中。
- 万用表的两表笔与 U_1、V_1、W_1 中任两孔接触，测量调压输出端的电压值并记入下表中。
- 万用表的两表笔与 U_A 电压源的两孔接触（图 1-8），测量 U_A 电压值并记入表 1-2 中。
- 万用表的两表笔与 U_B 电压源两孔接触，测量 U_B 电压值并记入表 1-2 中。测量示意图见图 1-8。

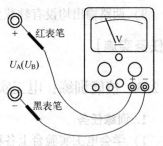

图 1-8 直流电压测试示意图

表 1-2 电压测量记录表

交流电压值/V				直流电压值/V			
市电		调压输出		U_A		U_B	
实验台显示值	测量值	实验台显示值	测量值	实验台显示值	测量值	实验台显示值	测量值

2) 用万用表测量电阻，并与电阻件标注值进行对比。
- 将万用表机械调零。
- 将 S2 旋到欧姆档 "Ω" 的位置上，再用 S1 选择适当的电阻档倍率，将测得的电阻值记入表 1-3 中后，用 S4 进行欧姆档的调零。测量过程中若 S1 位置变动则要重新进行欧姆档的调零。
- 对被测对象进行电阻值测量，并记入表 1-3 中。

表 1-3 电阻测量记录表

电阻标注值/Ω	电阻测量值/Ω	万用表电阻量程
20		
500		
2000		

7. 巡回指导要点

1) 指导学生正确识读电压表。
2) 指导学生正确使用万用表测量电阻和交直流电压。

8. 训练效果评价标准

1) 能正确控制、调节实验台的各种电源（20 分）。
2) 能正确使用万用表进行电阻的测量（20 分）。
3) 能正确使用万用表进行交直流电压的测量（40 分）。
4) 训练过程中能文明操作（10 分）。
5) "7S" 执行情况（10 分）。

9. 分析及验证

1) 实验台电压表读数与万用表读数之间存在误差的原因（直流与交流的情况需各自分

析)?
2) 电阻标注值与测量值是否一致？若存在误差，请分析原因。
10. 思考题
1) 数字式万用表与指针式万用表的使用操作不同点有哪些？
2) 测量直流电压与交流电压的注意事项是什么？

任务1.3 认识电路的基本物理量

【学习目标】

1) 熟悉电路模型概念及电路工作状态。
2) 掌握电压、电流等电路基本物理量的概念及功率的概念。
3) 掌握直流电压表、电流表和万用表的使用。

【任务布置】

1) 通过实训室仪器及设备的认识，使学生能正确使用实训室的仪器和设备。
2) 使用实训室仪器、设备进行电路的连接；进行基本参数的测量；学会仪器、仪表的使用及电量的测试方法。

【任务分析】

循序渐进地完成任务，第一步是仪器和设备的认识和使用；第二步是电路中电参数的认识及测试。

【知识链接】

1.3.1 电路及电路图

1. 电路

（1）电路的基本概念

电路是实现某一特定功能的电流的通路。电路的主要功能如下：实现电能的传输、分配和转换，如手电筒电路；实现信息传递和处理，如电视机电路。

（2）电路的组成

实际电路一般由电源、负载、中间环节几个部分组成。

电源是供应电能的设备，如电池、发电机等。负载是取用电能的设备，如灯泡、电动机等。中间环节是电源和负载之间不可缺少的连接、控制和保护部件，如连接导线、开关设备、测量设备以及各种继电保护设备等。图1-9所示标出了手电筒中实际电路的组成及各部分的作用。

2. 电路模型

（1）理想元件

实际电路中的元器件种类繁多，为便于对电路进行分析和计算，可将实际电路元器件加以近似化、理想化,在一定条件下忽略其次要特性,用足以表征其主要特性的"模型"来表示,即用理想元件来表示。理想电阻元件只消耗电能;理想电容元件及电感元件只储存电能,不消耗电能。

(2) 电路模型

元器件或元器件的组合,就构成了实际器件和实际电路模型。元器件都用规定的图形符号表示,再用连线表示元器件之间的电的连接,这样画出的图形称之为电路图,也是实际电路的模型,简称为电路模型。电路理论中所研究的电路实际是电路模型的简称。图 1-10 为图 1-9 的电路模型。表 1-4 中列出了电路图中常用的元器件及仪表的图形符号。

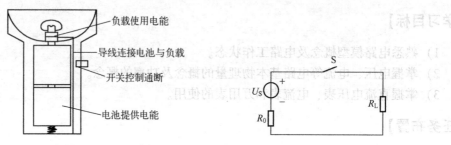

图 1-9 手电筒电路组成及各部分作用   图 1-10 手电筒电路模型

表 1-4 电路中常用元器件及仪表的图形符号

名称	图形符号	名称	图形符号	名称	图形符号
电压源		电感		电压表	Ⓥ
电流源		铁心电感		电流表	Ⓐ
电阻		电容		功率表	Ⓦ
可变电阻		可变电容		开关	
电池		极性电容			

1.3.2 电路的基本物理量、电路的功率及其测试

1. 电流及其参考方向

(1) 电流的定义

带电粒子的定向移动形成电流。

(2) 电流的大小及实际方向

电流的大小等于单位时间内通过导体横截面的电荷量。电流的实际方向习惯上是指正电荷移动的方向。如手电筒电路中,在外电路,电流由正极流向负极;在电源内部,电流由负极流向正极。

电流按大小和方向是否随时间变化可分为两类。大小和方向均不随时间变化的电流,称为恒定电流,简称直流,用 I 表示;大小和方向均随时间变化的电流,称为交变电流,简称交流,用 i 表示。

对于直流电流，单位时间内通过导体截面的电荷量是恒定不变的，其大小为 $I=Q/T$。

对于交流电流，若在一个无限小的时间间隔 dt 内，通过导体横截面的电荷量为 dq，则该瞬间的电流为 $i=\mathrm{d}q/\mathrm{d}t$。

在国际单位制（SI）中，电流的单位是安培（A）。

（3）电流参考方向

在简单电路中，电流的实际方向可根据电源的极性直接确定；而在复杂电路中，电流的实际方向有时难以确定。为了便于分析计算，便引入电流参考方向的概念。

电流参考方向，就是在分析计算电路时，先任意选定某一方向，作为待求电流的方向，并根据此方向进行分析计算。

（4）计算（测量）结果意义

电路计算（测量）中，在选定的参考方向下，若计算（测量）结果为正，说明电流的参考方向与实际方向相同；若计算（测量）结果为负，说明电流的参考方向与实际方向相反。图 1-11 表示了电流的参考方向（图中实线所示）与实际方向（图中虚线所示）之间的关系。

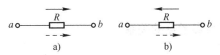

图 1-11 电流参考方向与实际方向

a）$I>0$ b）$I<0$

2. 电压

（1）电压定义

在电路中，电场力把单位正电荷（q）从 a 点移到 b 点所做的功（w）被称为 a、b 两点间的电压，记做 $U_{ab}=\mathrm{d}w/\mathrm{d}q$。

对于直流电压，则为 $U_{ab}=W/Q$。

在国际单位制（SI）中，电压的单位为伏特（V）。

（2）电压的实际方向

电压的实际方向为电场力移动正电荷定向运动的方向。

（3）电压参考方向与计算（测量）结果意义

与电流参考方向一样，电压也需设定参考方向，其方向可用箭头表示，或用"＋"极性表示，也可用带字母的双下标表示，如图 1-12 所示。若用双下标表示，如 U_{ab} 表示由 a 指向 b，显然 $U_{ab}=-U_{ba}$。

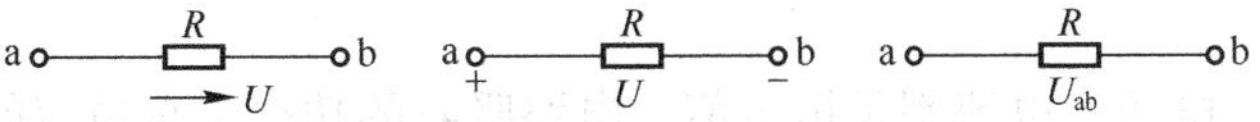

图 1-12 电压参考方向及表示

电压的参考方向也是任意选定的，在选定的参考方向下，当计算（测量）电压值为正，说明电压的参考方向与实际方向相同；反之，说明电压的参考方向与实际方向相反。如图 1-13 所示，电压的参考方向已标出，若计算出 $U_1=1\,\mathrm{V}$，$U_2=-1\,\mathrm{V}$，则各电压实际方向如图中虚线所示。

还要特别指出，电流与电压的参考方向原本可以任意选择，彼此无关。但为了分析方便，对于负载，一般把两者的参考方向选为一致，称之为关联参考方向；对于电源，一般把两者的参考方向选为相反，称之为非关联参考方向。

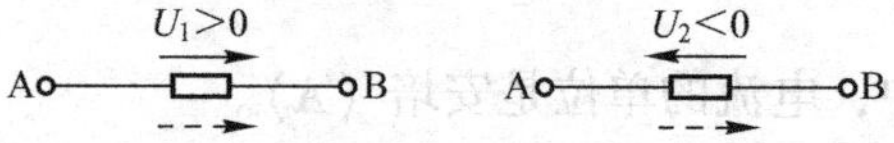

图1-13 电压参考方向与实际方向

3. 电位

在电工技术中，常使用电压的概念，例如荧光灯的电压为220 V，干电池的电压为1.5 V等。在电子技术中，常用电位的概念。

在电路中任选一点作为参考点，当电路中有接地点时，以地为参考点；若没有接地点时，则选择较多导线的汇集点为参考点。在电子电路中，通常以设备外壳为参考点，参考点用符号"⊥"表示。

定义电路中某一点与参考点（p）之间的电压称为该点的电位。一般规定参考点的电位为零，因此参考点也称零电位点。电位用符号V表示，例如a点的电位记为V_a，显然有$V_a = U_{ap}$。

电路中各点电位、电压与参考点的关系。

（1）电位与参考点关系

各点的电位随参考点的变化而变化。在同一电路中，只能选择一个参考点，参考点一旦选定，各点的电位是唯一确定的。和电压一样，电位也是一个代数量，比参考点电位高的各点为正电位，比参考点电位低的各点为负电位。

（2）电压与参考点关系

电路中任意两点的电压与参考点的选择无关。即电路参考点不同，但电路中任意两点的电压不变。

（3）电压与电位关系

电路中任意两点的电压等于这两点的电位差，即$U_{ab} = V_a - V_b$。

4. 电功率

（1）概念及计算公式

单位时间内电场力或电源力所做的功被称为电功率，用p表示，即$p = dw/dt$。

如图1-14a所示，电路的u与i为关联参考方向，N为电路的任一部分或任一元件，则该电路中N吸收的功率为$p = ui$。

如图1-14b所示，当电路的u与i为非关联方向时，$U_{ab} = -U_{ba}$，则该电路中N吸收的功率为$p = -ui$。

在直流电路中，电压、电流都是恒定值，电路吸收的功率也是恒定的，常用大写字母表示为$P = \pm UI$。

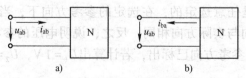

图1-14 电功率计算示意图

（2）正确理解和使用电功率公式

当需要求解某部分电路（或某元件）的功率，并判断其在电路中的作用时，可按以下几步计算。

1) 标方向：选定电压、电流的参考方向（关联或非关联）。
2) 选用正确公式：关联方向时，交流电路中 $p=ui$，直流电路中 $P=UI$；非关联方向时，交流电路中 $p=-ui$，直流电路中 $P=-UI$。
3) 计算：将 u、i（U、I）的数值连同符号一起代入所选公式计算出 $p(P)$。
4) 结论：计算结果 $p(P)>0$，吸收功率，起负载作用；$p(P)<0$，提供功率，起电源作用；$p(P)=0$，既不吸收也不消耗功率。

（3）测量直流电路的功率并判断待测电路的作用

在手电筒电路中，通过灯泡的电压、电流实际方向一致，灯泡是负载；通过电池的电压、电流实际方向相反，电池是电源。也就是说当电压、电流实际方向一致时，待测电路在电路中起负载作用；当电压、电流实际方向相反时，待测电路在电路中起电源作用。

5. 电气设备的额定值与电路的工作状态

电气设备的额定值是指电气设备在正常运行时的规定使用值，通常指额定电压、额定功率。电气设备工作在通路时，应在额定值条件下工作，否则会影响电气设备的使用寿命，甚至不能正常工作。

一般电路的工作状态可分为通路、开路与短路三种状态。

（1）通路（或有载）工作状态

通路：处处连通的电路，有电流通过电气设备，电气设备处于工作状态。电路中电流的大小由电源与负载决定。

（2）短路工作状态

短路：电流没有通过电气设备，直接与电源构成通路。

短路时，电路中的电流比正常工作状态要大，若电源内阻很小，一旦发生电源短路，将由于电流过大而烧毁电源，所以电路一般严禁短路。

（3）开路工作状态

开路：断开的电路，电路中无电流，电气设备不工作。开路时，电源没有带负载，又称电源空载状态，此时电路中的电流为零。

【任务实施】

1.3.3 技能训练：电压、电流的测量

1. 训练任务

练习用实验台提供的直流电压表、电流表进行直流电压及电流的测量。

2. 训练目标

1) 熟练使用直流电压及电流表进行直流电压、电流参数测量。
2) 加强电压及电流值的正负与真实方向的关系理解。
3) 能正确理解和使用电功率的公式。

3. 仪器与设备

THHE-1 型电工实验台、HE-12 实验电路板、连接线等。

4. 相关知识

1）测量电流时电流表要串联接入电路中。

2）对指针式直流电流表接入电路时一定要注意正、负极。

3）HE-12 实验电路板上各支路中均有电流表串接点，但必须用专用的电流测量线才能将电流表串联接入电路中。

5. 训练要求

1）电路的连接及拆除应在断电的情况下。严禁带电操作。

2）对仪器和仪表等轻拿轻放。连接线等要理齐摆放。插拔连接线时不能拽拉导线部分。

3）发现异常情况要立即报告老师。

4）与本次训练无关的仪器和仪表不要乱动。

5）训练结束要进行整理、清理等 7S 活动。

6. 训练步骤

1）按实验台操作要求开启实验台电源。

2）打开实验台直流恒压电源开关，调节 U_A 旋钮，使 $U_A=6\text{V}$；调节 U_B 旋钮，使 $U_B=12\text{V}$。

3）利用 HE-12 实验箱上的"基尔霍夫定律/叠加原理"电路，按图 1-15 接线。U_1 两端接 U_A，U_2 两端接 U_B。

4）取出电流测量专用连接线，将直流电流表串入相应支路进行电流测量，数据记入表 1-5 中。测试完毕，从 HE-12 实验箱上拔出电流测量专用连接线，从实验台上将电流测量专用连接线另两端从电流表上拔下，将电流测量专用连接线收置。

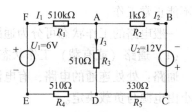

图 1-15 电压及电流测量电路图

5）取两根普通的连接线，将直流电压表两端并联接在相应的节点上进行电压测量，数据记入表 1-5 中。

6）训练结束，关闭直流电压源开关及实验台总电源，连接线及实验箱归位。

表 1-5 电压及电流测量数据

被测值	I_1	I_2	I_3	U_1	U_2	U_{AB}	U_{BD}	U_{BC}
测量值								

7. 巡回指导要点

1）指导学生正确调节实验台电源。

2）指导学生正确使用电流测量专用连接线。

3）监督学生是否带电操作，促使养成断电操作的习惯。

8. 训练效果评价标准

1）以正确的方法完成电路的连接（20分）。

2）正确完成直流电流及直流电压的测量（60分）。

3）训练过程中能文明操作（10分）。

4)"7S"执行情况(10分)。

9. 分析与及思考

1)如何通过测量结果求出各元件的功率及电路总的功率?
2)如何判断两电源在电路中的作用?

任务1.4 认识欧姆定律和基尔霍夫定律

【学习目标】

1)掌握电阻的参数定义、伏安关系及其功率。
2)掌握基尔霍夫定律及运用和欧姆定律及其运用。
3)掌握电阻的连接和电阻的检测。
4)了解独立源的特性;了解实际电源组合模型及其等效变换。

【任务布置】

线性电阻元件伏安特性的检测;用万用表进行电阻混联电路中等效电阻的检测;进行电压源与电流源等效变换的验证。

【任务分析】

通过对线性电阻元件伏安特性的检测,加强对线性元件内涵的理解;通过用万用表对电阻混联电路等效电阻的检测,加深对电阻串、并联电路等效电阻的理解;电压源与电流源等效变换的验证实验可加深对电源转换的理解;利用测得的数据进行基本定律的验证。

【知识链接】

1.4.1 电阻元件及其检测

1. 电阻

(1)电阻元件

电阻是表示导体对电流起阻碍作用的物理量。任何导体对于电流都具有阻碍作用。电工实际中用到电灯、电炉、电烙铁及变阻器等电气设备在直流电路中就是电阻,在电路中消耗电能,将其转换成热能或其他形式的能量,是不可逆过程。所以,电阻元件是表示电路中消耗电能这一物理现象的理想二端元件。电路中常用的电阻器有固定式电阻器和电位器。按制作材料和工艺不同,固定电阻器可分为:膜式电阻(碳膜RT、金属膜RJ、合成膜RH和氧化膜RY)、实芯电阻(有机RS和无机RN)、金属绕线电阻(RX)、特殊电阻(MG型光敏电阻、MY型压敏电阻及MF型热敏电阻等)。电位器及电阻部分实物图如1-16所示,电路符号如图1-17所示。

图1-16 电阻元件示意图　　膜式电阻　贴片电阻　热敏电阻　压敏电阻

图1-17 电阻符号图

在国际单位制（SI）中，电阻的单位是欧姆，简称欧，用符号"Ω"表示。电阻的倒数称为电导，用 G 表示。

（2）电阻参数的识别

电阻的标称阻值，往往和它的实际阻值不完全相等，电阻的实际阻值和标称阻值的偏差除以标称阻值所得的百分数，称之为电阻的误差。电阻标称值与误差作为电阻的主要参数一般被标注在电阻器上。

电阻的参数表示方法有直标法、文字符号法及色环法，分别如图 1-18、图 1-19 和图 1-20 所示。图 1-20 所示为四色环电阻的识别示意图，四色环中颜色所代表的数字和意义如表 1-6 所列。五色环的识别与四色环方法一样，只是第一、二两位表示数字，第四位表示倍率，第五环表示为误差。

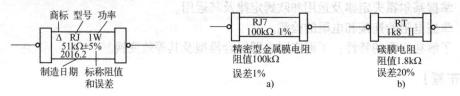

图 1-18　直标法电阻参数表示图　　图 1-19　文字符号法电阻参数表示图

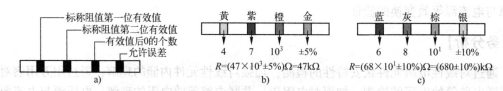

图 1-20　四色环电阻参数表示图

表 1-6　四色环中颜色所代表的数字和意义

颜　色	黑	棕	红	橙	黄	绿	蓝	紫	灰	白	金	银
第一、二数字	0	1	2	3	4	5	6	7	8	9	—	—
倍率	10^0	10^1	10^2	10^3	10^4	10^5	10^6	10^7	10^8	10^9	0.1	0.01
允许误差	±20%	±1%	±2%								±5%	±10%

2. 电阻元件的伏安关系——欧姆定律

在交流电器中，电阻元件两端施加电压 u，通过电阻的电流为 i，且电压和电流的正方向为关联方向（图 1-21），则电阻元件的电阻 R 为 $R=u/i$，也可表示为 $u=iR$。

在直流电路中为 $U=IR$。

上两式电阻元件的电压与电流的关系称为电阻元件的伏安关系（欧姆定律公式）。

如果式中的电阻为常数，这样的电阻称为线性电阻。如图 1-22 所示，Ⅰ、Ⅱ 分别为线性电阻及非线性电阻的伏安特性。

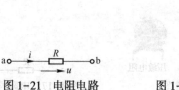

图 1-21　电阻电路　　图 1-22　电阻元件的伏安特性

若选择电压与电流的参考方向为非关联方向，则分别为$u=-iR$及$U=-IR$。

3. 电阻元件的功率

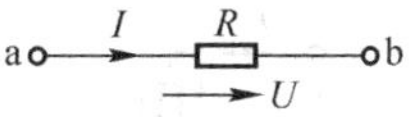

如图1-23所示，在直流电路中，U与I为关联方向，由欧姆定律公式得$P=UI=I^2R=U^2/R$。

图1-23 直流电阻电路

若U与I为非关联方向，同样可得$P=-UI=-I(-IR)=I^2R=U^2/R$。

由此可知对于电阻元件，无论U与I的参考方向如何选择，在电路中都是消耗功率，所以电阻元件又称耗能元件。

4. 电阻的连接

（1）电阻的串联

图1-24所示是多个电阻串联的电路，具有如下特点：

1）电流相等。

由KCL（基尔霍夫电流）定律得$I_1=I_2=\cdots=I_n$。

2）等效电阻。

由KVL（基尔霍夫电压）定律得$R=U/I=(U_1+U_2+\cdots+U_n)/I=(IR_1+IR_1+\cdots+IR_n)/I$，即$R=R_1+R_2+\cdots R_n$。

3）分压公式。

图1-24所示的各分电压及总电压的参考方向一致，由欧姆定律得$U_n=IR_n=R_nU/R$。

4）功率。

由电阻的功率公式得$P_1:P_2:\cdots:P_n=I^2R_1:I^2R_2:\cdots:I^2R_n=R_1:R_2:\cdots:R_n$。

（2）电阻的并联

图1-25所示是多个电阻并联的电路，具有如下特点：

1）电压相等。

由KVL定律得$U=U_1=U_2=\cdots=U_n$。

2）等效电阻。

由KCL定律得

$$U/R=I=I_1+I_2+\cdots+I_n=\frac{U}{R_1}+\frac{U}{R_2}+\cdots+\frac{U}{R_n}$$

$$\frac{1}{R}=\frac{1}{R_1}+\frac{1}{R_2}+\cdots+\frac{1}{R_n}$$

3）分流公式。

注意使用上式时U与I及I_n为关联参考方向，否则公式中应加一负号。

4）功率。

由电阻的功率公式可知，并联时电阻消耗的功率与电阻值成反比，如两个电阻并联。

$$P_1:P_2=R_1:R_2$$

（3）电阻的混联

电路中电阻的混联可以用简化电路，它是对电阻的串、并联关系进行化简后所得电路。求解电阻混联简化电路时，首先应从电路结构入手，根据电阻串并联的特征，先分清哪些电阻是串联的，哪些电阻是并联的，然后应用欧姆定律、分压和分流的关系求解。

如图1-26所示，R_3与R_4串联，然后与R_2并联，再与R_1串联，即等效电阻$R=R_1+R_2\parallel$

（R_1+R_2），符号"∥"表示并联。

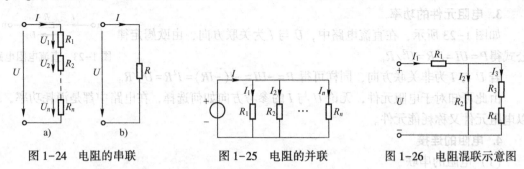

图1-24 电阻的串联　　图1-25 电阻的并联　　图1-26 电阻混联示意图

1.4.2 电源元件、两种组合模型的等效变换及测试

1. 理想独立电压源

（1）定义

通常所说的电压源是指理想独立电压源，即内阻为零，且电源两端的端电压值恒定不变（直流电压），或者其端电压值按某一特定规律随时间而变化（如正弦电压），电路符号如图1-27所示。

（2）特点

输出电压的大小取决于电压源本身的特性，与流过的电流无关。流过电压源的电流大小取决于电压源外部电路，由外部负载决定。

（3）伏安特性

电压为 U_s 的直流电压源的伏安特性曲线，是一条平行于横坐标的直线，图1-28所示特性方程为

$$U = U_s \quad （U 与 U_s 参考方向一致）$$

图1-27 电压源符号　　　　图1-28 直流电压源的伏安特性曲线
a）交流电压源　b）直流电压源

（4）功率

如图1-29所示，对电压源，其端电压与流过的电流是非关联方向，所以电压源的功率 $P = -UI = -U_s I$。

2. 理想独立电流源

（1）定义

通常所说的电流源是指理想独立电流源，即内阻为无限大、输出为恒定电流 I_s 的电源（直流电流），或者其输出电流值按某一特定规律随时间而变化（如正弦电流），电路符号如图1-30所示。

图 1-29　电压源功率求解示意图　　图 1-30　电流源符号
　　　　　　　　　　　　　　　　　　a) 交流电流源　b) 直流电流源

（2）特点

其特点是输出电流的大小取决于电流源本身的特性，与端电压无关。电流源的端电压大小取决于电流源外部电路，由外部负载决定。

（3）伏安特性

电流为 I_s 的直流电流源的伏安特性曲线，是一条垂直于横坐标的直线。

$$I=I_s \quad (I \text{ 与 } I_s \text{ 参考方向一致})$$

（4）功率

对电流源，端电压与流过的电流是非关联方向，所以电流源的功率 $P=-UI=-U_sI$。

3. 实际电源的两种组合模型及其等效变换

实际运用时，电源并不是前面分析的理想的模型，所有的电源都有内阻，因此可对两种模型进行等效变换。

（1）实际电源的电压源串联组合模型

实际电压源可用一个理想电压源 U_s 与一个理想电阻 R_s 串联组合来表示，如图 1-31a 所示。特征方程为 $U=U_s-IR_s$。

（2）实际电源的电流源并联组合模型

实际电流源也可用一个理想电流源 I_s 与一个理想电阻 R_s 并联组合来表示，如图 1-31b 所示。特征方程为 $I=I_s-U/R_s$。

实际电源的伏安特性曲线如图 1-31c 所示，可见电源输出的电压（电流）随负载电流（电压）的增加而下降。

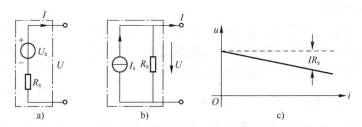

图 1-31　实际电源的组合模型及伏安特性曲线

（3）实际电源的两种组合模型的等效变换

应用电源的等效变换条件时应注意以下几点：

① 电压源和电流源的参考方向要一致。

② 所谓"等效"是指对外电路等效，对内电路不等效。

③ 理想电压源与理想电流源之间不能等效变换，因为它们的伏安特性是不一样的。

1.4.3 基尔霍夫定律及其验证

1. 几个相关的电路名词

以图1-32所示为例认识电路中的相关名词术语。

（1）支路

电路中的每一个分支。如图1-32中有3条支路，分别是BAF、BCD和BE。支路BAF中含有电源，称有源支路。支路中不含电源，称为无源支路。

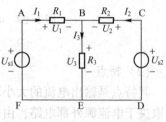

（2）节点

电路中3条或3条以上支路的连接点。如图1-32中B、E为两个节点。

图1-32 电路术语认识示意图

（3）回路

电路中的任一闭合路径。如图1-32中有3个回路，分别是ABEFA、BCDEB、ABCDEFA。

（4）网孔

内部不含支路的回路。如图1-32中ABEFA和BCDEB都是网孔。

2. 基尔霍夫电流定律（KCL定律）

（1）内容

基尔霍夫电流定律：任一时刻，流入电路中任一节点处电流的代数和恒等于零。基尔霍夫电流定律简称KCL定律，反映了节点处各支路电流之间的约束关系。

（2）数学表达式

KCL定律一般表达式为$\sum i = 0$。

在直流电路中，表达式为$\sum I = 0$。

（3）符号法则

在应用KCL定律列电流方程时，如果规定电流参考方向为指向节点的电流取正号，背离节点的电流取负号，则在图1-32所示电路中，对于节点B可以写出$I_1 + I_2 - I_3 = 0$。

（4）KCL定律推广

KCL定律不仅适用于节点，也可推广应用于包围几个节点的闭合面（也称广义节点）图1-33所示的电路中，可以把三角形ABC看作广义的节点，根据KCL定律可列出

$$I_A + I_B + I_C = 0, \quad 即 \sum I = 0$$

即在任一时刻，流过任一闭合面电流的代数和恒等于零。

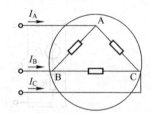

图1-33 KCL定律推广示意图

3. 基尔霍夫电压定律（KVL定律）

（1）内容

基尔霍夫电压定律：在任何时刻，沿电路中任一闭合回路，各段电压的代数和恒等于零。基尔霍夫电压定律简称KVL定律，反映了回路中各支路电压之间的约束关系。

（2）数学表达式

KVL定律一般表达式为$\sum u = 0$。

在直流电路中，表达式为 $\sum U = 0$。

(3) 符号法则

应用 KVL 定律列电压方程时，首先假定回路的电压绕行方向，然后选择各段电压的参考方向，凡参考方向与绕行方向一致者，该电压取正号；凡参考方向与绕行方向相反者，该电压取负号。在图 1-32 中，对于回路 ABCDEFA，若电压绕行方向选择顺时针方向，根据 KVL 定律可得 $-U_1 - U_2 + U_{s2} - U_{s1} = 0$。

(4) KVL 定律推广

KVL 定律不仅适用于回路，也可推广应用于一段不闭合电路。如图 1-32 所示电路中，A、B 两端之间的电压为 U_{AB}，按逆时针绕行方向可得

$$U_{AB} + U_3 - U_{s1} = 0 \text{ 或 } U_{AB} = U_{s1} - U_3$$

由此可得出电路中任意 a、b 两点电压的公式为 $U_{ab} = \sum u$ 或 $U_{ab} = \sum U$。即电路中任意两点电压，等于从 a 到 b 所经过电路路径上所有支路电压的代数和，与绕行方向一致的支路电压为正；反之，支路电压为负。

【任务实施】

1.4.4 技能训练：电阻的测量、线性电阻特性曲线的测绘

1. 训练任务

1）对电阻的阻值、允许误差等参数进行识读。
2）进行电阻阻值的测量。使用万用表对混联电路的等效电阻进行测量。
3）电阻伏安特性曲线的测绘。

2. 训练目标

1）能正确地识别各类电阻，根据标注进行电阻阻值的识读。
2）正确理解等效电阻及线性电阻概念。

3. 仪器与设备

指针式万用表、电阻箱 HE-19、THHH-1 实验台、面包板及连接线等。

4. 训练要求

1）电路的连接及拆除应在断电的情况下。严禁带电操作。
2）对仪器和仪表等轻拿轻放。连接线等要理齐摆放。插拔连接线时不能拽拉导线部分。
3）发现异常情况要立即报告老师。
4）与本次训练无关的仪器和仪表不要乱动。
5）训练结束要进行整理、清理等 7S 活动。

5. 训练步骤

(1) 电阻值的识读与测量

1）从电阻箱 HE-19 中选定直标法、文字标注和四色环标注电阻各一只。
2）读出直标法和文字标注法电阻的阻值；四色环标注法电阻的阻值则根据四色环电阻的识别示意图（图 1-20）和表 1-6 识别。

3) 取出 MF500 万用表，根据标注的阻值选择电阻档位和量程，进行欧姆档的调零。
4) 进行电阻测量并将其记入表 1-7 中。

表 1-7 电阻阻值记录表

	直标法电阻	文字标注法电阻	色环标注法电阻
标注值/Ω			
测量值/Ω			
万用表电阻量程			

(2) 电阻混联电路等效电阻的检测

在 HE-19 电阻箱中任选 6 个电阻，按图 1-34 接线，进行电阻混联电路的等效电阻计算与测量，将其记入表 1-8 中。

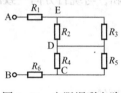

图 1-34 电阻混联电路

表 1-8 电阻值记录表

R/Ω	R_{AB}	R_{AC}	R_{AD}
计算值			
测量值			
万用表电阻档量程			

1) 按实验台操作要求开启其总电源。
2) 利用电路面包板按图 1-35 左图进行接线。选择 R_L 电阻值为 100Ω，U_s 接实验台直流恒压电源 U_A，电流表为使用实验台上直流电源表。请注意极性。
3) 打开直流恒压电源开关，弹出直流电压表下方指示切换按钮，调节 U_A 使其从 0 伏开始缓慢地增加，一直到 10 V，记下电流表相应的读数，将数据记入表 1-9 中，根据表 1-9 数据在图 1-35 右图上绘出电阻 R_L 的伏安特性曲线。

表 1-9 电阻上电压与电流值记录表

U_A/V	0	2	4	6	8	10
I/mA						

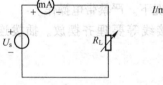 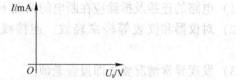

图 1-35 电阻伏安特性测量

6. 巡回指导要点
1) 指导学生规范操作。
2) 指导学生正确测量并读取数据。

7. 训练效果评价标准
1) 各类电阻阻值的识读与阻值的测量（20 分）。
2) 电阻混联电路中等效电阻的计算与测量（30 分）。

3）电阻伏安特性的测绘（30分）。
4）实训过程中能文明操作（10分）。
5）"7S"执行情况（10分）。

8. 分析及思考

1）电阻阻值测量值与计算值或标注值是否一致？若有误差请分析原因。
2）线性电阻的伏安特性曲线应为一直线，若有误差请分析原因。
3）在电阻混联电路中不同端点的等效电阻为何不等？

1.4.5 技能训练：基尔霍夫定律的验证

1. 训练任务

利用实验数据来验证基尔霍夫定律。

2. 训练目标

熟练应用实验仪器、仪表和设备验证 KVL 及 KCL。

3. 仪器与设备

THHE-1 型电工实验台、HE-12 实验电路板、连接线等。

4. 训练要求

1）电路的连接及拆除应在断电的情况下。严禁带电操作。
2）对仪器和仪表等轻拿轻放。连接线等要理齐摆放。插拔连接线时不能拽拉导线部分。
3）发现异常情况要立即报告老师。
4）与本次训练无关的仪器和仪表不要乱动。
5）训练结束要进行整理、清理等 7S 活动。

5. 训练步骤

1）按实验台操作要求开启实验台电源。
2）打开实验台直流恒压电源开关，调节 U_A 旋钮，使 $U_A=4\text{V}$；调节 U_B 旋钮，使 $U_B=12\text{V}$。
3）利用 HE-12 实验箱上的"基尔霍夫定律/叠加原理"电路，按图 1-15 接线。U_1 接 U_A，U_2 接 U_B。
4）取出电流测量专用连接线，将直流电流表串入相应支路并进行电流测量，将数据记入表 1-10 中。测试完毕，将电流测量专用连接线撤离电路。
5）取两根专用连接线，将直流电压表两端与相应节点相连并进行电压测量，将数据记入表 1-10 中。
6）训练结束，关闭直流电压源开关及实验台总电源，电线及实验箱归位。

表 1-10 基尔霍夫定律验证实验的测试数据

被 测 值	I_1	I_2	I_3	U_1	U_2	U_{AB}	U_{BD}	U_{BC}
测量值								
结论								

6. 巡回指导要点

1）指导学生规范操作。

2）指导学生正确测量并读取数据。

7. 训练效果评价标准

1）电流值的测量及 KCL 验证（40 分）。
2）电压值的测量及 KVL 验证（40 分）。
3）训练过程中能文明操作（10 分）。
4）"7S" 执行情况（10 分）。

8. 分析与思考

1）电流测量值是否满足 KCL？若不满足，则分析原因。
2）电压测量值是否满足 KVL？若不满足，则分析原因。

任务 1.5　电路分析方法及其应用

【学习目标】

1）掌握用支路电流法求解复杂直流线性电路。
2）掌握用节点电压法求解只有两个节点的电路。
3）了解叠加定理及其应用。
4）了解戴维南定理及其应用。

【任务布置】

直流电路的连接与测试；叠加定理的验证。

【任务分析】

通过线性复杂电路的测试与求解来加强对电路各种分析方法的理解与掌握；通过叠加定理的验证，理解线性电路的概念和叠加定理的适用参数。

【知识链接】

1.5.1　支路电流法及其应用

1. 支路电流法概念

支路电流法是最基本的分析方法。它是以支路电流为求解对象，应用基尔霍夫电流定律和基尔霍夫电压定律分别对节点和回路列出所需要的方程组，解出各个未知的支路电流。

2. 支路电流法应用

现以图 1-36 所示电路为例，说明支路电流法的应用。
假设电路中各元件的参数已知，求支路电流 I_1、I_2 及 I_3。
该电路中有节点 $n=2$ 个，支路 $b=3$ 条，对 3 个未知量列 3 个方程就可求解。各电流正方向如图中所示。
首先，应用 KCL 定律对节点 A 和 B 列电流方程：
对节点 A　　　　　$I_1+I_2-I_3=0$

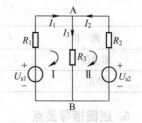

图 1-36　支路电流法图示

对节点 B $\quad\quad\quad I_3 - I_2 - I_1 = 0$

可以看出，此两个方程实为同一个方程。一般说来，对具有 n 个节点的电路应用 KCL 定律只能列出 $(n-1)$ 个独立方程。

其次，在确定了一个方程后，另外两个方程可应用 KVL 定律列出。通常应用 KVL 定律列出其余 $b-(n-1)$ 个方程。如图 1-36 中所示回路Ⅰ、Ⅱ，选顺时针方向为绕行方向列方程式，得到

$$U_{s1} = I_1 R_1 + I_3 R_3$$

$$-I_2 R_2 - I_3 R_3 = -U_{s2}$$

通常列回路方程时选用独立回路（一般选网孔），这样应用 KVL 定律列出的方程，就是独立方程。网孔的数目恰好等于 $b-(n-1)$ 个。应用 KCL 定律和 KVL 定律一共可列出 $(n-1)+b-(n-1)=b$ 个独立方程，所以能解出 b 个支路电流。

综上所述，用支路电流法求解电路的步骤如下：
1) 标出各支路电流的参考方向。
2) 根据 KCL 定律，列出任意个独立节点的电流方程。
3) 设定各网孔绕行方向（一般选顺时针方向），根据 KVL 定律列出 $b-(n-1)$ 个独立回路的电压方程。
4) 联立求解上述 b 个方程。
5) 验算与分析计算结果。

1.5.2 节点电压法及其应用

对于有多条支路但只有两个节点的电路如图 1-37 所示。

若令 $V_b = 0$，且 $u_{ab} = V_a - V_b$，则 $u_{ab} = V_a$，各支路电流参考方向如图中所示，各支路电流与节点电压的关系为

$$I_1 = (-U_{ab} + U_{s1})/R_1$$
$$I_3 = (-U_{ab} - U_{s3})/R_3$$
$$I_4 = U_{ab}/R_4$$
$$I_2 = I_{s2}$$

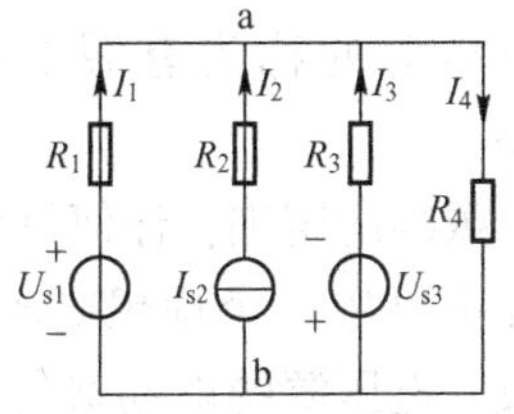

图 1-37 节点电压法图示

显然各支路的电流都只与节点 a 的电位即 U_{ab} 有关，代入节点 a 的 KCL 方程 $I_1 + I_2 + I_3 = I_4$，便可以直接求出两个节点间的电压，此即为节点电压法。

对于图 1-37 电路，对以上公式化简并整理得到节点电压方程

$$U_{ab} = [(U_{s1}/R_1) - (U_{s3}/R_3) + I_{s2}] / [(1/R_1) + (1/R_3) + (1/R_4)]$$

求出 U_{ab} 即可求出各支路电流。

1.5.3 叠加定理及其应用

1. 叠加定理

(1) 叠加定理的内容

当线性电路中有多个电源共同作用时，任一支路的电流（或电压）等于各个电源单独作用时在该支路产生的电流（或电压）的代数和。

(2) 应用叠加定理时应注意的几个问题

1) 适用范围：只适用于线性电路。

2) 叠加量：只适用于电路中的电压和电流，功率不能叠加。因功率是电压和电流的二次函数，它们之间不存在线性关系。

3) 分解电路时电源的处理：分电路中，不作用的电压源短路，不作用的电流源开路，电源内阻大小和位置不变。

4) 叠加的含义：某一待求支路的电压、电流参考方向不变，将各电源分别作用时求得的数值的代数和。

2. 叠加定理的应用

运用叠加定理分析电路的基本步骤如下：

1) 分解电路：将多个独立源共同作用的电路分解成每一个独立源作用的分电路；每一个分电路中，不作用的电源"零"处理，待求的电压、电流的参考方向与原电路中规定相同。

2) 单独求解每一分电路：分电路往往是比较简单的电路，有时可由电阻的连接及基本定律直接进行求解。

3) 叠加：原电路中待求的电压、电流等于分电路中对应求出的对应量的代数和。

1.5.4 戴维南定理及其运用

1. 戴维南定理

对于一个复杂电路，有时并不需要了解所有支路的情况，而只要求出其中某一支路的电流，这时用戴维南定理较为简单。

任何具有两个出线端的（部分）电路称为二端网络。含有电源的称为有源二端网络；不含电源的称为无源二端网络。

戴维南定理：任何只包含电阻和电源的线性有源二端网络，对外都可用一个理想电压源与一个电阻元件串联的等效电路来等效。电压源的电动势等于该网络的开路电压U_o；串联电阻R_0等于该网络中所有电压源为短路、电流源开路后的等效电阻。戴维南定理的内容可以用图1-38表示。

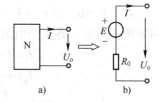

图1-38 戴维南定理等效图

2. 戴维南定理的运用

当电路只需计算某一支路的电压和电流、分析某一参数变动的影响时，使用戴维南定理有效。使用戴维南定理解题时，可按如下步骤进行：

1) 设置线性有源二端网络。一般将待求支路划出作为外电路，其余电路即为待简化的有源二端网络。

2) 求等效电压源的E。画出断开外电路后的电路，求出两断点间电压即E。

3) 求等效电压源的R_0。画出断开外电路后的有源二端网络，将电压源短路，电流源开路，变为无源二端网络的电路，求出两断点间的等效电阻R_0。

【任务实施】

1.5.5 技能训练：支路电流法、节点电压法求解电路参数的验证

1. 训练任务

1) 验证用支路电流法求解电路参数的正确性。
2) 验证用节点电压法求解电路参数的正确性。

2. 训练目标

掌握支路电流法和节点电压法分析电路的步骤，掌握电路参数的检测和验证方法。

3. 仪器设备

THHH-1 实验台、HE-19 电阻箱及连接线等。

4. 训练要求

1) 电路的连接及拆除应在断电的情况下，严禁带电操作。
2) 对仪器和仪表等轻拿轻放，连接线等要理齐摆放，插拨连接线时不能拽拉导线部分。
3) 发现异常情况要立即报告老师。
4) 与本次训练无关的仪器和仪表不要乱动。
5) 训练结束要进行整理、清理等 7S 活动。

5. 任务实施步骤

1) 启动实验台 THHH-1，打开实验台直流电源开关，弹出直流电压表下方选择按钮，调节 $U_A = 10\ \text{V}$。
2) 利用电阻箱 HE-19 按图 1-39（电桥电路）接线，图中 $R_1 = R_2 = R_3 = R_6 = 100\ \Omega$，$R_5 = 50\ \Omega$，用实验台上电压源作为电路中 10 V 电压源 V_A。
3) 调节电阻 R_4 大小，用电压表测量 R_5 两端的电压 U_5，用毫安表测量通过 R_5 的电流，记入表 1-11 中。
4) 用支路电流法求解 R_4 不同值时通过 R_5 的电流 I_5。

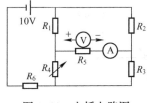

图 1-39 电桥电路图

表 1-11 电流 I_5 记录表

R_4/Ω		100	500	1000
I_5/A	测量值			
	计算值			
U_5	测量值			
	计算值			

6. 巡回指导要点

1) 指导学生规范操作。
2) 指导学生正确测量并读取数据。

7. 训练效果评价标准

1) 正确完成电路的连接（10 分）。
2) 用支路电流法进行 I_5 的求解（20 分）。

3) 用节点电压法进行U_5的求解（20分）。
4) 用电压表及电流表进行电路参数的检测（30分）。
5) 训练过程中能文明操作（10分）。
6) "7S"执行情况（10分）。

8. 分析与思考

将计算值与测量值进行对照，检查它们的一致性。若有误差请分析原因。

1.5.6 技能训练：叠加定理的验证

1. 训练任务

对电路中的电流及电压参数进行实际测量，验证叠加定理。

2. 训练目标

掌握叠加定理的验证方法。

3. 实验仪器设备

实验台、HE-12实验电路板。

4. 训练要求

1) 电路的连接及拆除应在断电的情况下，严禁带电操作。
2) 对仪器和仪表等轻拿轻放，连接线等要理齐摆放，插拔连接线时不能拽拉导线部分。
3) 发现异常情况要立即报告老师。
4) 与本次训练无关的仪器和仪表不要乱动。

5. 任务实施步骤

1) 按图1-40接线，HE-12实验电路板上的S_3应被拨向330Ω侧，三个故障按键均不得按下。

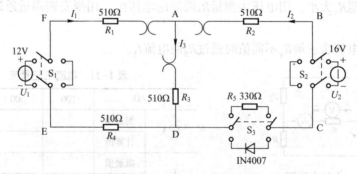

图1-40 叠加定理验证电路图

2) 将两路稳压源的输出分别调节为12V和16V，接入U_1和U_2处。
3) 令U_1电源单独作用（将开关S_1投向U_1侧，将开关S_2投向短路侧）。用直流数字电压表和毫安表（接电流插头）测量各支路电流及各电阻元件两端的电压，将数据记入表1-12中。
4) 令U_2电源单独作用（将开关S_1投向短路侧，将开关S_2投向U_2侧），用直流数字电压表和毫安表（接电流插头）重复步骤3的测量，将数据记入表1-12中。

5)令 U_1 和 U_2 共同作用（将开关 S_1 和 S_2 分别投向 U_1 和 U_2 侧），重复上述的测量和记录，将数据记入表 1-12 中。

表 1-12　验证叠加定理的实验数据记录表

实验内容	测量项目 U_1 /V	U_2 /V	I_1 /mA	I_2 /mA	I_3 /mA	U_{AB} /V	U_{CD} /V	U_{AD} /V	U_{DE} /V	U_{FA} /V
U_1 单独作用										
U_2 单独作用										
U_1 和 U_2 共同作用										

6. 巡回指导要点

1）指导学生规范操作。

2）指导学生正确测量并读取数据。

7. 训练效果评价标准

1）正确完成电路的连接与设置（20分）。

2）用电压表及电流表进行电路参数的测量（60分）。

3）训练过程中能文明操作（10分）。

4）"7S"执行情况（10分）。

8. 分析与思考

1）任选一电流参数以验证叠加定理；任选一电压参数以验证叠加定理。

2）以电阻 R_1 在三种情况下消耗的功率为例，验证功率是否满足叠加定理。

项目 2 三相交流电路的安装与调试

【项目描述】

交流电在人们的生产和生活中有着广泛的应用。在电网中由发电厂产生的电是交流电，输电线路上输送的也是交流电，常用的家用电器采用的都是交流电，如电视机、计算机、照明灯、冰箱、空调等家用电器。即便是像收音机、复读机等采用直流电源的家用电器也是通过稳压电源将交流电转变为直流电后使用。正弦交流电有如此广泛的应用，是因为正弦交流电在传输、变换和控制上有着直流电不可替代的优点，因此交流电路的分析、计算就是必需的基本能力。

任务 2.1 正弦交流电路的分析与测试

【学习目标】

1) 熟悉示波器对正弦交流量的表示，并了解正弦交流电的周期、频率、角频率、幅值、初相位、相位差等特征量。

2) 会用实验仪器进行交流量的测量工作，并熟悉正弦交流量有效值与最大值之间的关系，以及同频率正弦量的相位差的关系。

3) 熟悉纯电阻、电感、电容元件电路中电压和电流之间的各种关系，掌握感抗、容抗的概念。

4) 会进行功率的测量工作，并理解瞬时功率、平均功率、无功功率的概念和各种功率的物理含义及提高功率因素的方法。

【任务布置】

1) 会使用示波器和信号发生器，并能根据给定的正弦交流量信号正确选择量程参数便于将波形表示出来。

2) 会使用示波器和信号发生器，能用示波器比较两个同频率的正弦量，并正确表达出相位差。

3) 会连接给定的 R、L、C 串联、并联和混联交流电路，用信号发生器、交流电压表、电流表和双踪示波器完成该电路的电流、电压和相位差的测量。

4) 会用功率表来测量正弦交流电路的有功功率、视在功率和功率因素，掌握提高功率因素的方法。

【任务分析】

世界各国的电力系统大都采用正弦交流电，交流电广泛使用在电子技术、实际生产和日常生活中,本学习任务就是来认识它。通过信号发生器、示波器等仪器的使用及交流信号三要素的测量来掌握正弦交流电的三要素、相位差和有效值的概念。通过单相交流电路的测量来掌握串、并联交流电路分析和计算方法,认识相量形式的电路定律。

【知识链接】

2.1.1 正弦交流电路的基本概念及正弦量的相量表示

1. 正弦交流电路的基本概念

在直流电路中,电压、电流的大小和方向都不随时间变化;而在日常生活和生产实践中大量使用的交流电,其电压、电流的大小和方向均随时间按正弦规律作周期性变化。图 2-1 中的波形就是一种正弦电压。正弦电压和电流被统称为正弦量。正弦量的特征分别由频率(周期)、幅值和初相位来表示,它们通称为正弦量的三要素。

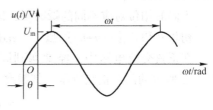

图 2-1 正弦交流电压

(1) 频率(周期)和角频率

正弦量的每个值在经过相等的时间后重复出现,再次重复出现所需的最短时间间隔就称为周期,用 T 表示,单位为秒(s)。

每秒钟内重复出现的次数称为频率,用 f 表示,单位为赫兹(Hz),简称赫,显然 $f=1/T$。

我国电力标准采用 50 Hz,有些国家(如美国、日本等)采用 60 Hz。这种频率应用广泛,习惯上称之为工频。通常的交流电动机和照明线路都采用这种频率。

正弦量的变化快慢还可以用角频率 ω 表示。正弦量在一个周期内变化的电角度为 2π 弧度(rad),因此

$$\omega = 2\pi/T = 2\pi f$$

它的单位为弧度/秒(rad/s)。例如,我国电力标准频率为 50 Hz,它的周期和角频率分别为 0.02 s 和 314 rad/s。

(2) 幅值和有效值

正弦量在任一瞬间的值称为瞬时值,用小写字母表示,如 i、u 分别表示电流、电压的瞬时值。瞬时值中最大的值被称为幅值或最大值,用带下标 m 的大写字母表示,如 I_m、U_m 分别表示电流、电压的幅值。

图 2-1 所示正弦电压瞬时值可用三角函数表示为

$$u(t) = U_m \sin(\omega t + \theta)$$

式中,U_m 为正弦电压的幅值。

正弦电压、电流的瞬时值是随时间而变化的。在电工技术中,往往并不要求知道它们每一瞬时的大小,这样就需要为它们规定一个表征大小的特定值。很明显,用它们的平均值或最大值是不合适的。

考虑到交流电流(电压)和直流电流(电压)施加于电阻时,电阻都要消耗电能而发热,以电流的热效应为依据,为交流电流和电压规定一个表征其大小的特定值。对某一交流电流 i 通过电阻 R 在一个周期内产生的热量,与一个直流电流 I 通过同样大小的电阻在相等

的时间内产生的热量相等，这一直流电流的数值就称为交流电流 i 的有效值。

正弦电流、正弦电压的有效值为 $I=I_m/\sqrt{2}$，$U=U_m/\sqrt{2}$。

习惯规定，有效值都用大写字母表示。

一般所讲的正弦电压或电流的大小，都是指它的有效值。例如，交流电压 220 V，其最大值为 $\sqrt{2}\times220\text{ V}=311\text{ V}$。同样，一般使用的交流电表也是以有效值来作为刻度的。

（3）初相位

从正弦电压表达式 $u(t)=U_m\sin(\omega t+\theta)$ 可以看出，反映正弦量的初始值（$t=0$）时 $u(0)=U_m\sin\theta$，其中 θ 反映了正弦电压初始值的大小，被称为初相位，简称初相，而 $(\omega t+\theta)$ 称为相位角或相位。

不同的相位对应不同的瞬时值，因此相位反映了正弦量的变化进程。

初相 θ 和相位 $(\omega t+\theta)$ 用弧度（rad）作单位，工程上常用度（°）作单位。

在正弦交流电路中，经常遇到同频率的正弦量，它们只在幅值及初相上有所区别。图 2-2 所示的两个正弦电压，其频率相同，幅值、初相不同，分别表示为

$$u_1(t)=U_{1m}\sin(\omega t+\theta_1)$$
$$u_2(t)=U_{2m}\sin(\omega t+\theta_2)$$

初相不同，表明它们随时间变化的步调不一致。例如，它们不能同时到达各自的正最大值或零。图中 $\theta_1>\theta_2$，u_1 比 u_2 先到达正的最大，称 u_1 比 u_2 相位超前一个 $(\theta_1-\theta_2)$ 角，或称 u_2 比 u_1 滞后一个 $(\theta_1-\theta_2)$ 角。两个同频率的正弦量相位角之差称相位差，用 φ 表示，即

$$\varphi=(\omega t+\theta_1)-(\omega t+\theta_2)=\theta_1-\theta_2$$

可见，两个同频率正弦量之间的相位差等于它们的初相角之差，且与时间 t 无关，它在任何瞬时都是一个常数。在图 2-3 中，同频率正弦电流具有相同的初相位，即相位差 $\varphi=0°$，则称 i_1 和 i_2 为同相；而同频率正弦电流 i_1 和 i_3 相位差 $\varphi=180°$，则称它们反相。

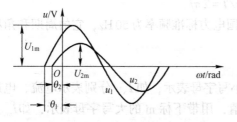 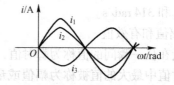

图 2-2 两个不同初相位的正弦电压　　图 2-3 两个同频率正弦电流的相位关系

2. 正弦量的相量表示

用三角函数式或波形图来表达正弦量是最基本的表示方法。这两种表示方法虽然简便直观，但要用它们进行正弦交流电路的分析与计算却是很烦琐和困难的，为此常用下面所述的相量表示法。

用复数的模和辐角表示正弦交流电的有效值（或最大值）和初相位，称为正弦量的相量表示法。该复数称为正弦量的相量，在大写字母上标"·"表示。

正弦电流 $i(t)=I_m\sin(\omega t+\varphi)$ 相量表示为

$$\dot{I}_m=I_m\angle\varphi$$

或 $\dot{I}=I\angle\varphi$

式中，$\dot{I}_m$ 被称为最大值相量；$\dot{I}$ 被称为有效值相量。

正弦量用相量表示后，同频率正弦量的相加或相减的运算可以变换为相应相量的相加或相减的运算。

在复平面上用向量来表示正弦量的相量，向量的长短反映正弦量的大小，向量与正实轴的夹角反映正弦量的相位，这种表示正弦量相量的图称为相量图。相量图中也可以不画出复平面的坐标轴。

以余弦函数表示的正弦电流时都要把余弦函数化为正弦表达式，然后再写出相量。同一问题中，必须采用同一种函数表示方法。

2.1.2 单一元件的正弦交流电路

在直流电路中，仅需考虑电阻元件这一参数，但在交流电路中，电压、电流和电动势的大小及方向是随时间而变化的，因此电容、电感元件储能也随时间变化。这些变化关系，要比直流电路复杂得多。本节讨论单一元件在正弦交流电作用下的电压、电流的关系及能量转换关系。

1. 电阻元件

（1）电流与电压的相位关系

在电阻元件 R 两端施加正弦交流电压 $u=U_m\sin\omega t$。在图 2-4a 所示参考方向下，根据欧姆定律，则流过电阻元件 R 的电流 $i=u/R=U_m/R\sin\omega t=I_m\sin\omega t$。上式表明，在正弦电压的作用下，电阻中通过的电流也是一个同频率的正弦交流电流，且与加在电阻两端的电压同相位。

（2）电流与电压的数量关系

式中 $I_m=U_m/R$，若把上式两边同除以 $\sqrt{2}$，则得 $I=U/R$，用最大值相量表示为 $\dot{U}_m=R\dot{I}_m$，同理有效值相量表示为 $\dot{U}=R\dot{I}$。

上式表明，在正弦交流电路中，电压和电流之间，其瞬时值、幅值及有效值均符合欧姆定律，而且电压和电流同相位。用相量图表示，如图 2-4b 所示。

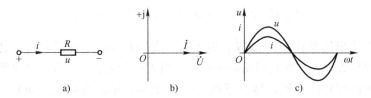

图 2-4 电阻元件的交流电路
a）电路图　b）相量图　c）波形图

（3）功率

电阻元件的瞬时功率为

$$p=ui=U_mI_m\sin^2\omega t=\frac{U_mI_m}{2}(1-\cos2\omega t)=UI(1-\cos2\omega t)$$

瞬时功率在一个周期内的平均值，称为平均功率，亦称为有功功率，用大写字母 P 表示。在电阻元件的正弦电路中，平均功率为 $P=UI=I^2R=U^2/R$，其计算公式在形式上与直流电路中功率计算公式完全相同，但这里的 U、I 是有效值。

2. 电感元件

电流流过电感元件要产生磁场，因此电感元件是储能元件，在交流电路中电感元件中通以变化的电流，其两端的电压亦随之变化。

在图 2-5a 所示参考方向下，电感元件的伏安关系为 $u=Ldi/dt$，将上式两边乘以 i 并积分，可得电感元件在某一时刻 t 具有的磁场能量，用 $W_L(t)$ 表示为

$$W_L(t)=\int_0^t uidt=\int_0^i Lidi=\frac{1}{2}Li^2$$

（1）电流与电压的相位关系

设电感元件通以电流 $i=I_m\sin\omega t$，在图示参考方向下，则有

$$u=L\frac{di}{dt}=\omega LI_m\cos\omega t=\omega LI_m\sin(\omega t+90°)=U_m\sin(\omega t+90°)$$

从该式可知，正弦电路中电感元件两端电压比电流相位上超前 90°，如图 2-5b 所示。

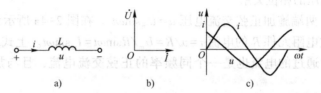

图 2-5　电感元件的交流电路
a) 电路图　b) 相量图　c) 波形图

（2）电流与电压的数量关系

式中 $U_m=\omega LI_m$，若把上式两边同除以 $\sqrt{2}$，则得 $U=\omega LI$，用最大值相量表示为

$$\dot{U}_m=U_m\angle 90°=\omega LI_m\cdot(1\angle 90°)=j\omega L\dot{I}_m$$

同理，有效值相量表示为 $\dot{U}=j\omega L\dot{I}$，也可以写成 $\dot{U}/\dot{I}=j\omega L$，此式表明，电压相量与电流相量的比值不仅与 L 有关，而且与角频率有关。当 U 一定时，L 越大，则电流 I 越小，可见它具有对电流的阻碍作用，所以称为感抗，用 X_L 表示，单位为欧姆，即 $X_L=\omega L=2\pi fL$。感抗 X_L 反映了电感元件对交流电流的阻碍能力。感抗与频率成正比，高频时感抗变大，而直流时 $\omega=0$，$X_L=0$，电感元件相当于短路。

（3）功率

电感元件的瞬时功率为

$$p_L=ui=U_m\cos\omega t I_m\sin\omega t=\frac{U_mI_m}{2}\sin2\omega t=UI\sin2\omega t$$

其平均功率

$$P = \frac{1}{T}\int_0^T p\mathrm{d}t = \frac{1}{T}\int_0^T UI\sin 2\omega t\mathrm{d}t = 0$$

由此可见，电感元件不消耗能量，而只有与电源之间的能量交换，这种能量交换可用无功功率 Q_L 来衡量，并规定无功功率等于瞬时功率的幅值，即 $Q_L = UI = I^2 X_L$，无功功率的国标单位为乏（var）或千乏（kvar）。

3. 电容元件

电容元件两极板带上电荷，就产生电场，电场具有能量，因此电容元件能储存能量。在电容两端加上变化的电压，电容元件中就会产生变化的电流。

在图 2-6a 所示参考方向下，电容元件的伏安关系为 $i = C\mathrm{d}u/\mathrm{d}t$，将上式两边乘以 u 并积分，可得电容元件在某一时刻 t 具有的电场能量，用 $W_C(t)$ 表示为

$$W_C(t) = \int_0^t ui\mathrm{d}t = \int_0^u Cu\mathrm{d}u = 1/2 Cu^2$$

(1) 电流与电压的相位关系

设电容元件两端加的电压为 $u = U_m\sin\omega t$，在图 2-6a 所示参考方向下，则有

$$i = C\frac{\mathrm{d}u}{\mathrm{d}t} = \omega CU_m\cos\omega t = \omega CU_m\sin(\omega t + 90°) = I_m\sin(\omega t + 90°)$$

从该式可知，正弦电路中电容元件两端电流比电压相位上超前 90°，如图 2-6b 所示。

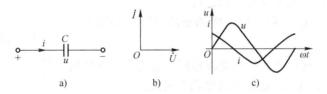

图 2-6 电容元件的交流电路
a) 电路图 b) 相量图 c) 波形图

(2) 电流与电压的数量关系

式中 $I_m = \omega C U_m$，若把上式两边同除以 $\sqrt{2}$，则得 $I = \omega CU$，用最大值相量表示为

$$\dot{I}_m = I_m\angle 90° = \omega CU_m \cdot (1\angle 90°) = \mathrm{j}\omega C \dot{U}_m$$

同理有效值相量表示为 $\dot{I} = \mathrm{j}\omega C\dot{U}$，也可表示为 $\dfrac{\dot{U}}{\dot{I}} = \dfrac{1}{\mathrm{j}\omega C} = -\dfrac{\mathrm{j}}{\omega C}$，此式表明，电压相量与电流相量的比值不仅与 C 有关，而且与角频率有关。当 U 一定时，$1/\omega C$ 越大，则电流 I 越小，可见它具有对电流的阻碍作用，所以把 $1/\omega C$ 称为容抗，用 X_C 表示，单位为欧姆，即 $X_C = 1/\omega C = 1/2\pi fC$，容抗 X_C 反映了电容元件在正弦交流的情况下阻碍电流通过的能力。容抗与频率成反比，高频时容抗变小，而直流时 $\omega = 0$，$X_C \to \infty$，电容元件相当于开路，这就是电容的隔直流作用。

(3) 功率

电容元件的瞬时功率为

$$p_C = ui = U_m \sin\omega t \cdot I_m \sin(\omega t + 90°) = \frac{U_m I_m}{2}\sin 2\omega t = UI\sin 2\omega t$$

其平均功率

$$P = \frac{1}{T}\int_0^T p\,dt = \frac{1}{T}\int_0^T UI\sin 2\omega t\,dt = 0$$

由此可知，电容元件不消耗能量，而只有与电源之间的能量交换，这种能量交换可用无功功率 Q_C 来衡量，并规定无功功率等于瞬时功率 p 的幅值，即 $Q_C = UI = I^2 X_C$。

由上述可知，电感元件和电容元件都是储能元件，它们只与电源之间进行能量交换，而元件本身并不消耗能量。这种往返于电源与储能元件之间的功率称为无功功率，而平均功率称为有功功率。

4. 正弦交流电路分析

在同一正弦电路中，电压与电流都为同频率正弦量，因此都可以用相量来表示。所谓对正弦电路的分析，可从电路基本定律出发，运用相量概念，列出电路的相量方程，然后进行复数运算，最后把相量写为瞬时值表达式；或者在复平面上根据基本定律，用相量图分析，再求得结果。

综上所述，用相量来表示正弦电路中的电压、电流时，这些相量必须服从基尔霍夫定律的相量形式和欧姆定律的相量形式。运用相量及阻抗的概念，正弦电路的计算可以参照直流电路的计算分析方法、基本定理等来进行。

下面分析电阻、电感和电容串联的交流电路，如图 2-7 所示。

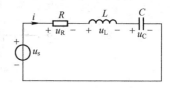

图 2-7 RLC 串联交流电路

在串联电路中，通过各元件的电流相同，电流与各元件电压的正方向如图 2-7 所示。这里先求电路总阻抗。

设正弦电路中电源角频率 ω，则总阻抗为

$$Z = R + j\omega L - \frac{j}{\omega C} = R + j\left(\omega L - \frac{1}{\omega C}\right) = R + j(X_L - X_C)$$

$$= \sqrt{R^2 + (X_L - X_C)^2}\angle\arctan\frac{X_L - X_C}{R}$$

这样电压和电流的相位差为

$$\varphi = \theta_u - \theta_i = \arctan\frac{X_L - X_C}{R}$$

相位关系：

当 $X_L > X_C$ 时，阻抗角 φ 为正，$\theta_u > \theta_i$，电压超前于电流，电路为感性。

当 $X_L < X_C$ 时，阻抗角 φ 为负，$\theta_u < \theta_i$，电压滞后于电流，电路为容性。

当 $X_L = X_C$ 时，阻抗角 φ 为零，$\theta_u = \theta_i$，电压与电流同相，电路为电阻性，这时电路发生串联谐振。

2.1.3 交流电路的功率、功率因素

1. 平均功率、无功功率和功率因素

设有一无源二端网络如图 2-8 所示。其电压、电流分别为
$u=U_\mathrm{m}\sin(\omega t+\varphi)$，$i=I_\mathrm{m}\sin\omega t$，则瞬时功率

$$p = ui = U_\mathrm{m}I_\mathrm{m}\sin(\omega t+\varphi)\sin\omega t$$
$$= \frac{1}{2}U_\mathrm{m}I_\mathrm{m}[\cos\varphi - \cos(2\omega t+\varphi)]$$
$$= UI[\cos\varphi - \cos(2\omega t+\varphi)]$$

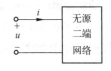

图 2-8 无源二端网络

由上式可知，φ 为二端网络电压与电流的相位差。可见瞬时功率由恒定分量和正弦分量两部分组成。正弦分量的频率是电源频率的两倍。

网络吸收的功率用平均功率（也称有功功率）表示，为

$$P = \frac{1}{T}\int_0^\mathrm{T} p\mathrm{d}t = \frac{1}{T}\int_0^\mathrm{T} UI[\cos\varphi - \cos(2\omega t+\varphi)]\mathrm{d}t = UI\cos\varphi$$

上式表明，正弦电路的平均功率不仅决定于电压和电流的有效值，而且还与它们的相位差有关，其中 $\cos\varphi$ 称为电路的功率因数，φ 称为功率因数角。

把瞬时功率表达式改写为

$$p = UI\cos\varphi(1-\cos2\omega t) + UI\sin\varphi\sin2\omega t$$

上式中第一个分量的幅值为 $UI\cos\varphi$，也就是平均功率；第二个分量以角频率 2ω 在横轴上下波动，平均值为零，幅值为 $UI\sin\varphi$，表明电源与网络之间（电抗部分）存在能量交换。$UI\sin\varphi$ 定义为无功功率 Q，即 $Q = UI\sin\varphi$。

无功功率的量纲与有功功率相同，但为了区别，用无功伏安表示，简称乏（var）。对电感性负载，电压超前电流时 $\varphi>0$，$Q>0$；对电容性负载，电压滞后电流时 $\varphi<0$，$Q<0$。

在电工技术中，把 UI 称为视在功率，记作 S，即 $S=UI$。为了与有功功率、无功功率区别，视在功率用伏·安（V·A）或千伏安（kV·A）作为单位。

一般交流电气设备是按照规定的额定电压 U_N 和额定电流 I_N 来设计和使用的，变压器和一些交流发电机的容量就是以额定电压和额定电流的乘积，即用额定视在功率 $S_\mathrm{N} = U_\mathrm{N}I_\mathrm{N}$ 来表示的。

额定视在功率 S_N 表明电源设备所能输出的最大平均功率。

在正弦交流电路中，平均功率 P 一般大于视在功率。平均功率 P 和视在功率 S 的比值称为功率因数 $\cos\varphi = P/S$。

2. 功率因数的提高

在计算交流电路的平均功率时，要考虑电压与电流的相位差 φ，表示为 $P = UI\cos\varphi$，式中 $\cos\varphi$ 为电路的功率因数。当电路是电阻性负载（如白炽灯、电阻炉等）的情况下，电压与电流同相位，功率因数为 1。当电路负载为其他负载时，功率因数介于 0 与 1 之间，电压与电流间有相位差，电源与负载之间发生能量交换，出现无功功率 $UI\sin\varphi$。

为了充分利用电气设备的容量，就要提高功率因数。如容量为 1000 kV·A 的发电机，负载功率因数 $\cos\varphi=1$，就能发出 1000 kW 的有功功率。功率因数下降到 $\cos\varphi=0.7$，只能输出 700 kW 功率。

其次，提高功率因数还能减少线路损失，从而提高输电效率。当负载有功功率 P 和电压 U 一定时，功率因数 $\cos\varphi$ 越大，输电线中电流 $I=P/U\cos\varphi$ 越小，消耗在输电线电阻上的功率越小。因此提高电路的功率因数有很大的经济意义。

功率因数不高，主要是由于大量的电感性负载的存在。工厂生产中广泛使用的三相异步电动机就相当于电感性负载。在额定负载时，功率因数约为 0.7~0.9，轻载时功率因数更低。为了提高功率因数，常用方法就是在电感性负载的两端并联适当大小的电容器，其电路图和相量图如图 2-9 所示。

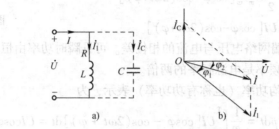

图 2-9 感性负载并联电容以提高功率因数
a) 电路图 b) 相量图

由图 2-9 可见，对于额定电压为 U、额定功率为 P、工作频率为 f 的电感性负载 $R-L$ 来说，将功率因数从 $\cos\varphi_1$ 提高到 $\cos\varphi_2$，所需并联的电容为 $C=\dfrac{P}{\omega U^2}(\tan\varphi_1-\tan\varphi_2)$，所以并联电容以后，线路电流减小了，因而线路损耗也减小。

【任务实施】

2.1.4 技能训练：信号发生器、示波器等仪器的使用及交流信号三要素的测量

1. 训练任务

1) 学会使用示波器、信号发生器；
2) 练习用示波器测量和检测交流信号。

2. 训练目标

1) 学会使用示波器、信号发生器，知道常用电子仪器的用途；
2) 用示波器读出和表示出交流信号的三要素。

3. 仪表仪器与设备

信号发生器、示波器、电源、导线、万用表等部件。

4. 相关知识

（1）信号发生器的使用

通常情况下，电路组装好之后，要对电路进行调试，信号源可以产生电路需要的信号，将其送入被测试电路中，对电路进行调整，使电路达到最佳状态。

（2）示波器的使用

信号波形表达了信号随时间变化的规律，示波器是可以显示信号波形的电子仪器，示波器操作简单，不易损坏，特别适合初学者使用。

使用示波器注意事项：① 不要盲目操作，旋转某个旋钮时，先要想好操作目的；② 显示屏光迹亮度要适中，以减小对人眼的伤害和延长示波管的寿命。③ 在训练中若暂时不用示波器，应将显示屏光迹亮度调暗，不要随意开关机，以保证示波器的热稳定。

5. 训练要求

1）按要求正确操作仪表，要有的放矢地操作各个旋钮，随着操作的熟练程度，要明确各个旋钮、按键的定义，逐步减少盲目操作；

2）仪器之间的连接应正确、可靠，尽量减少外来干扰；

3）读取数据时眼睛应正对仪表刻度面板，注意读取精度；

4）训练过程中，应树立职业意识，认真操作，尽力避免错误，练出硬功夫；

5）注意事项：

① 文明操作，安全第一；

② 对仪器轻拿轻放，防止强烈振动仪器；

③ 仪器暂时不用时不要关机，可将示波器输入端短接，信号源输出端开路，将示波管光迹的亮度调暗。训练结束时，关闭电源开关拔下电源插头。

6. 任务实施步骤

（1）信号发生器的使用

1）信号发生器如图 2-10 所示。打开信号发生器的电源开关。

2）按下面板上的"取消"按钮；按"波形"按钮，通过旋转面板上的可调旋钮，按表 2-1 选择所需波形，例如选择"正弦波"；按"频率"按钮，通过旋转面板上的可调旋钮，按表 2-1 要求调节输出波形的频率；按"幅度"按钮，通过旋转面板上的可调旋钮使输出波形的幅值大小满足表 2-1 要求；按"确定"按钮，则所选定的信号已输出。

表 2-1 实验参数表

信号参数	X 轴			Y 轴		
	X 轴增益	每周期格数	信号频率	Y 轴增益	Y 轴格数	信号幅值
$V_p = 3$ V $f = 1$ kHz 正弦波						
$V_p = 3$ V $f = 5$ kHz 矩形波						

（2）用示波器测量信号发生器产生的各种波形的信号参数并将其填入表 2-1 中

1）示波器如图 2-11 所示。打开电源开关，调节"辉度""聚焦"旋钮，使屏幕上显示一条细而清晰的扫描基线。

2）将扫描微调旋钮置于"校准"位置。

3）调节"X 轴位移"和"Y 轴位移"旋钮，使基线位于屏幕中央。

4）接入信号发生器的输出信号，调节示波器的"X 轴增益""Y 轴增益"旋钮，使屏幕中在 X 轴方向上出现 2~3 个完整的波形，波形的幅度占 Y 轴方向屏幕高的 2/3~3/4。

图 2-10 信号发生器

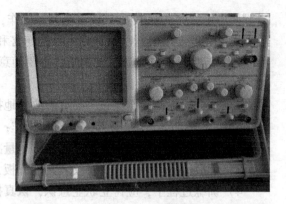
图 2-11 示波器

5) 读出信号波形一个周期在 X 轴方向所占大格数,则该信号的周期 $T=$ 大格数×X 轴增益,频率 $f=1/T$;读出信号波形在 Y 轴方向所占大格数,则该信号幅值=大格数×Y 轴增益。

7. 巡回指导要点

1) 指导学生操作示波器,观察波形,并示范;
2) 指导学生正确读取数据。

8. 训练效果评价标准

(1) 完成示波器、信号发生器操作,正确读取数据(50 分)。
要求:1) 正确操作示波器;2) 正确操作信号发生器;3) 填写表格。
(2) 用信号发生器、示波器表示一个交流信号(30 分)。
要求:1) 能正确表达所需表达的交流信号;2) 能灵活改变任意一个参数。
在以上的检测过程中,能够正确操作,不出现违规现象,不损坏仪器(20 分)。

9. 分析及验证

分析用示波器测得的参数与信号发生器产生的参数是否一致?若有误差,请分析误差原因。

10. 思考题

1) 示波器输入信号可为哪几种?信号性质不同时,需调节哪个旋钮?
2) 示波器的输入信号端与接头中的接地线连接,这样连接能起什么作用?

2.1.5 技能训练:单相交流电路的测量

1. 训练任务

学会使用示波器、信号发生器、万用表对单相交流电路的电流和电压进行测量。

2. 训练目标

1) 学会使用示波器、信号发生器、万用表,知道常用电子仪器的用途;
2) 用仪器对电阻、电感、电容的串、并联电路中电流、电压测量并能分析测量结果。

3. 仪表仪器与设备

白炽灯(220 V/25 W)2 只,镇流器(220 V/40 W)1 只,油浸纸介电容器(2 μF/600 V)1 只,交流电压表(0~500 V)(或万用表)1 只,交流电流表(0~1 A)3 只,导线,开关等。

4. 训练要求

1) 按要求正确操作仪表,要有的放矢地操作各个旋钮;

2）电路连接可靠；
3）读取数据时眼睛应正对仪表刻度面板，注意读取精度；
4）训练过程中，应树立职业意识，认真操作，尽力避免错误，练出硬功夫。
5）注意事项：
① 文明操作，安全第一；
② 对仪器轻拿轻放，防止强烈振动仪器；
③ 仪器暂时不用时不要关机，可将示波器输入端短接，信号源输出端开路，将示波管光迹的亮度调暗。训练结束时关闭电源开关拔下电源插头。

5. 任务实施步骤

1）电阻串联电路（两只白炽灯串联）。

按图 2-12 连接电路，检查无误后接通电源。电流表读数 $I =$ _____ A，测量电源电压为 _____ V，两只白炽灯两端电压为 $U_1 =$ _____ V，$U_2 =$ _____ V。

2）RL 串联电路（白炽灯与镇流器串联）。

按图 2-13 连接电路，检查无误后接通电源。电流表读数 $I =$ _____ A，测量电源电压为 _____ V，白炽灯两端电压为 $U_R =$ _____ V，镇流器两端电压 $U_L =$ _____ V。

3）RLC 串联电路（白炽灯、镇流器和电容器串联）。

按图 2-14 连接电路，检查无误后接通电源。电流表读数 $I =$ _____ A，测量白炽灯两端电压 $U_R =$ _____ V，镇流器两端电压 $U_L =$ _____ V，电容器两端电压 $U_C =$ _____ V。

4）RC 并联电路（白炽灯与电容器并联）。

按图 2-15 连接电路，检查无误后接通电源。三只电流表读数分别为 $I =$ _____ A，$I_R =$ _____ A，$I_C =$ _____ A。

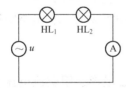

图 2-12 电阻串联电路

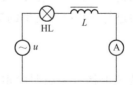

图 2-13 RL 串联电路

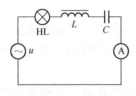

图 2-14 RLC 串联电路

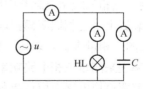

图 2-15 RC 并联电路

6. 巡回指导要点

1）指导学生操作仪器，并示范；
2）指导学生正确读取数据。

7. 训练效果评价标准

1）分别连接 4 个电路，正确读取数据（各 20 分，共 80 分）。

要求：①正确连接电路；②正确读取数据；③填写完成表格（表2-1）。

2）在以上的检测过程中，能够正确操作，不出现违规现象，不损坏仪器（20分）。

8. 分析与思考

1）两白炽灯串联（图2-12）的电路中，其电压之和等于电路的总电压吗？为什么？

2）白炽灯与镇流器串联的电路（图2-13）中，U_R+U_L等于电路的总电压U吗？为什么？它们应该符合什么关系？作出它们的相量图。

3）白炽灯、镇流器和电容器串联的电路（图2-14）中，$U_R+U_L+U_C$等于电路的总电压U吗？为什么？它们应该符合什么关系？作出它们的相量图。

4）白炽灯和电容器并联的电路（图2-15）中，I_R+I_C等于电路中的总电流I吗？为什么？作出它们的相量图。

任务2.2　三相交流电路的分析与测试

【学习目标】

1）熟悉实训室的三相电源并深刻理解对称三相正弦量的瞬时表达式、波形、相量表达式及相量图。

2）对三相电源进行学习，掌握相线和零线并理解对称三相电源的连接及线电压与相电压的关系。

3）能用三相照明模拟电路连接负载成星形联结方式，用测量仪器测量电压、电流，掌握对称三相负载的线电压与相电压的关系、线电流与相电流的关系。

4）能用三相照明模拟电路连接负载成三角形联结方式，用测量仪器测量电压、电流，掌握对称三相负载的线电压与相电压的关系、线电流与相电流的关系。

5）能用功率表进行三相电路功率的测量工作并理解对称三相电路中各种功率的意义。

【任务布置】

1）能在实训装置上将三相照明模拟电路连接成星形，用交流电压表、电流表测量电压、电流，用相量图、相量表达式表达三相电路线电压和相电压、线电流和相电流的关系，并理解三相四线制、三相三线制概念和中线的意义。

2）能在实训装置上将三相照明模拟电路连接成三角形，用交流电压表、电流表测量电压、电流，用相量图、相量表达式表达三相电路线电压和相电压、线电流和相电流的关系。

3）学会用功率表来测量三相电路功率。

4）能在三相照明模拟电路上模拟负载不对称，观察负载不对称时出现的现象，用交流电压表、电流表测量电压、电流，分析出现此现象的原因。

【任务分析】

目前电能的产生、输送和分配几乎都采用三相交流电，三相电动机、三相变压器、三相电阻炉这些三相负载都需要三相电源供电。

通过本任务的训练，掌握三相交流电源的连接及线电压与相电压的关系，通过三相负载的星形和三角形联结，掌握两种联结方式的应用场合，并能对线电压和相电压、线电流和相电流进行测量和计算。

【知识链接】

2.2.1 三相交流电源

目前，世界各国的电力系统所采用的供电方式，绝大多数属于三相制。三相制就是以3个频率相同而相位不同的电动势作为电源的供电体系。

三相制之所以获得广泛应用，主要是它在发电、输电和用电方面有许多优点。前面已经提到单相交流电路瞬时功率随时间交变，而对称三相电路总的瞬时功率恒定，三相电动机比单相电动机性能平稳且可靠；在输送电能时，在相同电气技术指标下，三相制比单相制可节约有色金属25%左右。

1. 三相电压

图2-16a是三相发电机示意图。图中以 ax、by、cz 是完全相同而彼此相隔120°的3个定子绕组，分别称为A相、B相和C相绕组，其中a、b、c分别为始端，x、y、z分别为末端。当转子（磁铁）以角速度 ω 匀速旋转时，在3个定子绕组中都会感应出随时间按正弦变化的电压。这3个电压的振幅和频率相同，彼此间相位差120°，波形如图2-16b所示。这3个绕组的电压分别为 $u_A = \sqrt{2}U_p\sin\omega t$，$u_B = \sqrt{2}U_p\sin(\omega t - 120°)$，$u_C = \sqrt{2}U_p\sin(\omega t + 120°)$，下标p表示相，$U_p$表示一相电压有效值，其相量表示分别为 $\dot{U}_A = U_p\angle 0°$，$\dot{U}_B = U_p\angle -120°$，$\dot{U}_C = U_p\angle 120°$。

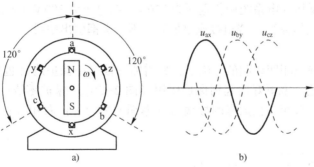

图2-16 三相发电机示意图

其相量图如图2-17所示。3个有效值（或幅值）、频率都相同，彼此间相位差相等且等于360°/3 = 120°，这样一组电压称为对称三相电压。这3个电压达到最大值的先后次序称为相序。如图2-16a所示发电机以角速度 ω 顺时针方向旋转时，相序为a→b→c；以逆时针旋转时，相序为a→c→b。

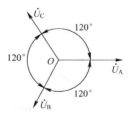

图2-17 相量图

2. 三相四线制

把上述三相发电机三个定子绕组的末端连在一公共点N上，就构成了一个对称Y联结的三相发电机，如图2-18所示。公共点N称为中性点或零点，从中性点引出的输电线称为中性线，简称中线。中线通常与大地相接，接地的中性线称为零线，零线或中线所用导线一般用蓝色表示（旧标准中常用黑色）。A、B、C三端与输电线相接，输送电能到负载，这三根输电线称为相线，俗称火线。

图2-18中，相线与中线间的电压，称相电压，有效值用U_A、U_B、U_C表示，一般用U_p表示。任意两根相线之间的电压称为线电压，有效值用U_{AB}、U_{BC}、U_{CA}表示，一般用U_l表示。显然

$$\dot{U}_{AB}=\dot{U}_A-\dot{U}_B,\ \dot{U}_{BC}=\dot{U}_B-\dot{U}_C,\ \dot{U}_{CA}=\dot{U}_C-\dot{U}_A$$

由各相电压、线电压绘制的相量图如图2-19所示。由图可见，相电压是对称的，线电压也对称。

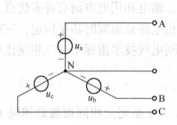

图2-18 三相电源的丫联结

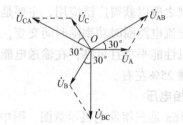

图2-19 三相对称电压的相量图

由图可知：$\dfrac{1}{2}U_l=U_p\cos 30°$，$U_l=\sqrt{3}\,U_p$

从上式可知，线电压有效值U_l为相电压有效值的$\sqrt{3}$倍。同样，由图2-19可得，线电压比相应的相电压超前30°。

发电机（或变压器）的绕组接成星形时，可引出四根导线（三相四线制），可供给负载两种电压。通常在低压配电系统中相电压为220 V，线电压为380 V（$=\sqrt{3}\times 220$ V）。

当发电机（或变压器）的绕组接成星形时，不一定都引出中线。

3. 三相五线制

三相五线制是在三相四线制的基础上，另增加一根专用保护线（也称保护零线，用PE表示）与接地网相连，能更好地起到保护作用（图2-20）。保护零线一般用黄绿相间色作为标志。按照规范，单相三孔插座的接线必须遵循左零（N）右相（L）上接地（PE）的原则（图2-21）。

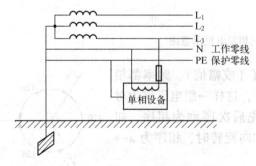

图2-20 三相五线制

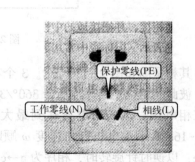

图2-21 单相三孔插座

2.2.2 三相电路中负载的联结

工厂中许多电气设备都需要三相电源供电，这样的负载称为三相负载。如果各相负载的

电阻、电抗相同，则称为三相对称负载。如三相电动机、三相变压器、三相电阻炉等。

使用任何电气设备，均要求负载承受的电压不能超过它的额定电压，所以负载要采用一定的联结方式，以满足其对电压的要求。三相负载的联结方式有两种：星形（Y）联结和三角形（△）联结。

1. 三相负载的星形联结

前面已介绍电源的Y联结，如果把负载也接成Y，就组成了Y-Y联结三相电路，如图 2-22 所示。

负载两端的电压称为负载的相电压。当三相负载为星形联结时，如果忽略电线上的电压降，负载的相电压就等于电源的相电压，电源的线电压为负载相电压的$\sqrt{3}$倍，即$U_l=\sqrt{3}U_{Yp}$，式中U_{Yp}表示负载为星形联结时的相电压。

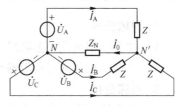

图 2-22 Y-Y联结电路

各相负载中的电流为相电流，相线（火线）的电流称为线电流，在Y接法中，线电流也就是相电流。由相量图可知，三个相电流$\dot{I}_A$、$\dot{I}_B$、$\dot{I}_C$之和为零，所以中线电流为零。这样在对称三相电路中，取消中线对电路无影响，成为三相三线制。

2. 三相负载的三角形联结

把三相负载分别接在三相电源每两根相线之间的接法称为三相负载的三角形联结，由图 2-23 可见，不论负载是否对称，各相负载的相电压均为电源的线电压，它们是对称的。在对称负载时，各相电流也是对称的，而线电流分别为

$$\dot{I}_A = \dot{I}_{AB} - \dot{I}_{CA}, \quad \dot{I}_B = \dot{I}_{BC} - \dot{I}_{AB}, \quad \dot{I}_C = \dot{I}_{CA} - \dot{I}_{BC}$$

由图 2-23 可看出，线电流也是对称的，以I_l表示线电流的有效值，I_P表示相电流的有效值，则满足下列关系 $1/2\, I_l = I_p \cos 30°$，$I_l = \sqrt{3} I_p$，其中I_l为线电流。

由上式可知，在对称△接法中，线电流的有效值为相电流的$\sqrt{3}$倍。

从图 2-24 还可以看出，在相位上线电流比相应的相电流滞后30°。

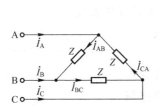

图 2-23 △联结的对称负载

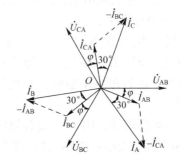

图 2-24 对称负载△联结时电压和电流的相量图

2.2.3 三相交流电路的功率

三相电路的瞬时功率、平均功率和无功功率分别等于各相负载的瞬时功率、平均功率和无功功率之和。

在实际工作中，测量线电流比测量相电流要方便些（指三角形联结的负载），因此三相

功率的计算式通常用线电流、线电压来表示。

对称三相电路的平均功率为 $P=3P_\mathrm{p}=3U_\mathrm{p}I_\mathrm{p}\cos\varphi_Z=\sqrt{3}U_\mathrm{l}I_\mathrm{l}\cos\varphi_Z$，同理对称三相电路的无功功率为 $Q=3U_\mathrm{p}I_\mathrm{p}\sin\varphi_Z=\sqrt{3}U_\mathrm{l}I_\mathrm{l}\sin\varphi_Z$，三相对称电路的视在功率为 $S=\sqrt{3}U_\mathrm{l}I_\mathrm{l}$。

【任务实施】

2.2.4 技能训练：三相负载的联结

1. 训练任务

1）学会三相负载星形联结的方法，并能对三相交流电路的电流和电压进行测量；
2）学会三相负载三角形联结的方法，并能对三相交流电路的电流和电压进行测量。

2. 训练目标

1）学会使用实训台、交流电流表、电压表对三相负载的电流、电压测量；
2）对两种联结方式比较并能分析他们的测量结果，理解两种联结方式的使用场合。

3. 仪表、仪器与设备

训练用仪表、仪器与设备见表2-2。

表2-2 训练用仪表、仪器与设备

序号	名 称	型号与规格	数量	备注
1	交流电压表	0~450V	1	
2	交流电流表	0~5A	1	
3	三相自耦调压器		1	
4	三相灯组负载	220V，25W 白炽灯	9	HE-17
5	电流插头线		1	
6	三相异步电动机		1	

4. 训练要求

1）本训练采用三相交流市电，线电压为380V，实验时要注意人身安全，不可触及导电部件，防止意外事故发生。

2）每次接线完毕，同组同学应自查一遍，然后由指导教师检查后，方可接通电源，必须严格遵守先断电、再接线、后通电；先断电、后拆线的实验操作原则。

3）对星形负载进行短路实验时，必须首先断开中线，以免发生短路事故。

4）为避免烧坏白炽灯，HE-17实验箱内设有过电压保护装置。当任一相电压在245~250V时，即产生声光报警并跳闸。因此在做Y联结不平衡负载或缺相实验时，所加线电压应以最高相电压小于240V为宜。

5. 任务实施步骤

（1）三相负载的星形联结（三相四线制供电）

1）电源的调节：首先将三相调压器的旋柄置于输出为0V的位置（即逆时针旋到底）后启动电工实验台电源开关，然后调节调压器的输出，使输出的三相线电压为200V（理论为380V）。

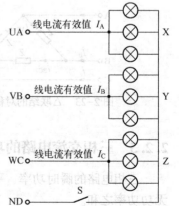

图2-25 三相负载星形联结

2）断开电源并按图 2-25 接线路，经指导教师检查合格后再接通三相电源，将所测得的数据记入表 2-3 星形联结测量参数表中，并观察白炽灯亮度。

表 2-3　星形联结测量参数表

测量数据 实验内容（负载情况）	白炽灯数为 9			相电流有效值/A			线电压有效值/V			相电压有效值/V			中线电流有效值 I_0 mA
	A 相	B 相	C 相	I_A	I_B	I_C	U_{AB}	U_{BC}	U_{CA}	U_{AX}	U_{BY}	U_{CZ}	
星形联结的平衡负载（含中线）	3	3	3										
星形联结的平衡负载（不含中线）	3	3	3										

注：电路中含中线 N 的接法时应将 s 开关闭合，而电路中不含中线 N 的接法时应将 s 开关断开。

（2）三相负载的三角形联结（三相三线制供电）

1）电源的调节：首先将三相调压器的旋柄置于输出为 0 V 的位置（即逆时针旋到底），启动电工实验台电源开关，然后调节调压器的输出，使输出的三相线电压为 200 V（理论为 220 V）。

2）断开电源并按图 2-26 接线路，经指导教师检查合格后再接通三相电源，将所测得的数据记入表 2-4 三角形联结测量参数表中。

表 2-4　三角形联结测量参数表

测量数据 负载情况	白炽灯数为 9 只			线电压有效值=相电压有效值/V			线电流有效值/A			相电流有效值/A		
	A-B 相	B-C 相	C-A 相	$U_{A0}=U_{AB}$	$U_{B0}=U_{BC}$	$U_{C0}=U_{CA}$	I_A	I_B	I_C	I_{AB}	I_{BC}	I_{CA}
三相平衡	3	3	3									

（3）三相异步电动机负载的星形联结和三角形联结

三相异步电动机的定子绕组共有 6 个出线端被引出机壳外，接在底座的接线盒中，每相绕组的首末端用符号 $U_1(U_2)$、$V_1(V_2)$、$W_1(W_2)$ 标记。

在实验板上，按图 2-25 所示完成负载的星形联结，用万用表测量其相电压及线电压。

断电后，按图 2-26 所示将其改为三角形联结。再次通电后，重复上述各项测量。

6. 巡回指导要点

1）指导学生操作仪器并示范；
2）指导学生正确读取数据。

7. 训练效果评价标准

（1）正确连接星形交流电路，正确读取数据（40 分）。
要求：1）正确连接电路；2）正确读取数据；3）填写完成表格（表 2-3）。

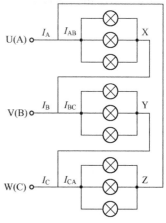

图 2-26　三相负载三角形联结

（2）正确连接三角形交流电路，正确读取数据（40 分）。
要求：1）正确连接电路；2）正确读取数据；3）填写完成表格（表 2-4）。
在以上的检测过程中，能够正确操作，不出现违规现象，不损坏仪器（20 分）。

8. 分析及验证

1) 用实验测得的数据验证对称三相电路中的$\sqrt{3}$关系。
2) 用实验数据和观察到的现象，总结三相四线供电系统中线的作用。
3) 总结心得体会及其他。

9. 思考题

1) 三相负载进行星形或三角形联结的判定条件是什么？
2) 本次训练中为什么要通过三相调压器将380 V的市电线电压降为220 V的线电压使用？

【知识补充】

中线的作用

在三相四线制供电系统中，三相对称负载星形联结时中线电流为零，因此取消中线也不会影响三相负载的正常工作。三相四线制实际变成了三相三线制。通常在高压输电时，由于三相负载都是对称的三相变压器，所以都采用三相三线制。低压供电系统中的动力负载也采用这种供电方式。

但在低压供电系统中，有些三相负载经常要变动（如照明电路中的灯具经常要开和关），是不对称负载，各相电流的大小不一定相等，相位差也不一定为120°，中线电流也不为零，因此中线不能取消。只有中线存在，才能保证三相电路成为三个互不影响的独立回路，不会因负载的变动而相互影响。由于当中线断开后，各相电压就不再相等了。阻抗较小的相电压低，阻抗较大的相电压高，这可能烧坏接在相电压升高时线路中的电器，所以在三相负载不对称的低压供电系统中，不允许在中线上安装熔断器或开关，而且中线常用钢丝制成，以免中线断开引起事故。当然，要力求三相负载平衡以减小中线电流。如在三相照明电路中，安装时应尽量使各相负载接近对称，此时中线电流一般小于各相电流，中线的导线可以选用比三根相线截面小一些的导线。

项目3 可调直流稳压电源的分析与测试

【项目描述】

生活中经常用到的电器,如计算机、手机、随身听、剃须刀等,基本上都是使用直流电源作为供电电源。但是电网对家用供电一般都是220 V交流电。这就需要通过一定的装置把220 V的单相交流电转换为只有几伏或几十伏的直流电,能完成这个转换的装置就是直流稳压电源。

本项目要求设计并制作一个直流稳压电源,主要掌握包括直流稳压电路中的整流、滤波和稳压部分的性能分析。完成一个实际电路的制作,并熟悉电子产品的制作流程。

任务3.1 二极管的分析与测试

【学习目标】

1) 理解二极管的特性。
2) 掌握二极管的识别和检测方法。
3) 了解特殊二极管的应用。

【任务布置】

1) 能在实训室利用实验工具验证二极管的单向特性。
2) 能运用电工工具进行二极管的识别和优劣检测。
3) 能认识二极管在各种电路中的应用。

【任务分析】

半导体二极管,简称二极管,它是用半导体材料制成的最简单器件,应用十分广泛。

半导体器件种类很多,主要掌握二极管的结构、特性及其应用。本任务通过技能训练,掌握二极管器件的识别与简单测试,并通过该训练掌握二极管的特性和应用。

【知识链接】

3.1.1 二极管的单向导电性

半导体二极管简称二极管,是电子电路中最基本的半导体器件。晶体二极管是在PN结两端引出金属电极和装上管壳而成,P区引出的电极为阳极,N区引出的电极称为阴极,图3-1所示为几种不同外形的二极管。二极管的图形符号如图3-2所示。文字符号为"V"或"VD"。

二极管最主要的特点是具有单向导电性，这可以通过如下实验加以说明。取一只二极管分别接成如图 3-3a 和 3-3b 所示电路。可以看到，a 图电路中灯泡发光，而 b 图电路中灯泡不亮。这说明二极管加正向电压（正偏）时导通，加反向电压（反偏）时截止，这就是二极管的单向导电性。二极管导通时电源正极所接的引脚称为二极管的正极，另一引脚称为二极管的负极。

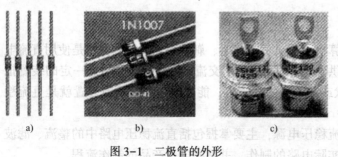

图 3-1 二极管的外形
a) 玻璃封装 b) 塑料封装 c) 金色封装

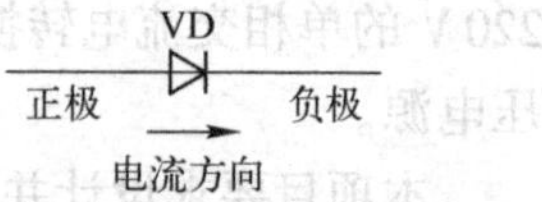

图 3-2 二极管的图形符号

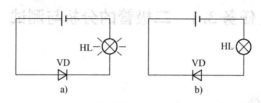

图 3-3 二极管的单向导电实验电路
a) 加正向电压时 b) 加反向电压时

二极管的正、负极一般都在外壳上用图形符号、色点、标志环等标注出来，见表 3-1。

表 3-1 几种常见二极管的正、负极

判别方法	图 示	说 明
通过二极管的造型判别	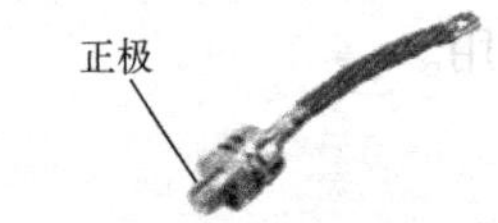	螺栓端为正极
通过二极管的标注判别		在器件表面标注有二极管符号
	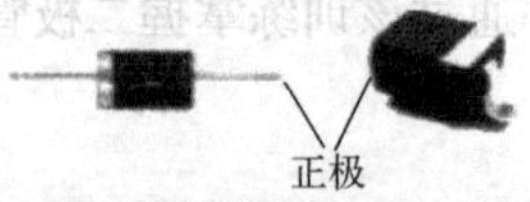	有色环一端为负极，另一端为正极
通过二极管的电极特征判别		长引脚为正极，短引脚为负极
通过二极管电极键形判别	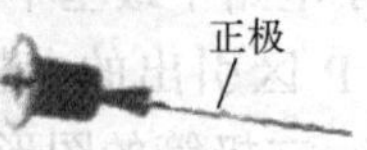	有一块比电极稍宽的键为正极，另一端为负极

二极管导通时的电流方向是从二极管的正极至负极。

二极管导通后其正向压降几乎不随流过的电流的大小而变化，硅管的正向压降约为 0.7V，锗管约为 0.3 V。

二极管反向截止时，仍有很小的反向电流。在一定范围内，即使反向电压增大，反向电流也基本保持不变，所以此电流称为反向饱和电流。

当反向电压增加到某一数值时，反向电流急剧增大，这种现象称为反向击穿，这时的电压称为反向击穿电压。

3.1.2 二极管的主要参数及类型

器件的参数是对其各方面性能的定量描述，它是设计电路、选择器件的依据。

1. 二极管的主要参数

（1）最大整流电流 I_F

表示在规定的环境温度下，二极管长期使用时，允许通过的最大正向平均电流，超过此电流，管子 PN 结会因过热而损坏。

（2）最高反向工作电压 U_R

指允许加在二极管上的反向电压的峰值，一般手册上会给出的最高反向工作电压通常为反向击穿电压的一半。

2. 常用二极管的类型

按制作材料不同，二极管主要有硅二极管和锗二极管两大类；按用途不同，主要有普通二极管、整流二极管、开关二极管、稳压二极管、热敏二极管、光敏二极管、变容二极管等。

3.1.3 二极管的简单检测

根据二极管正向电阻小、反向电阻大的特性，可使用指针式万用表的电阻档大致判断出二极管的极性和好坏。将万用表置于 $R\times100$ 或 $R\times1k$ 电阻档，将两表笔短接并调零。注意，万用表置于电阻档时，红表笔与表内电池负极相连，黑表笔与表内电池正极相连。

如图 3-4 所示，将红、黑两支表笔跨接在二极管的两端，若测得阻值较小（几千欧以下），再将红、黑表笔对调后接在二极管两端，测得的阻值较大（几百千欧），说明二极管质量良好，测得阻值较小的那一次黑表笔所接为二极管的正极。如果测得二极管的正、反向的电阻都很小（接近零），说明二极管内部已短路；如果测得二极管的正、反向电阻都很大，说明二极管内部已开路。

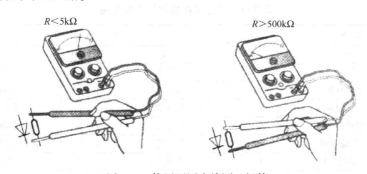

图 3-4 使用万用表检测二极管

【任务实施】

3.1.4 技能训练：元器件的识别与简单测试

1. 训练任务

用万用表检测晶体二极管。

2. 训练目标

学会用万用表判别晶体二极管的极性，掌握检测二极管的方法。

3. 仪表、仪器与设备

仪表、仪器及设备见表3-2。

表3-2 仪表、仪器及设备

序 号	设备与器材	作 用	备 注
1	MF-47型万用表	判断极性、引脚及其优劣	
2	二极管（锗管、硅管）	不同型号的被测器件	

4. 相关知识

（1）半导体器件型号命名方法

半导体器件的型号由五部分组成，见图3-5。第一部分用数字表示半导体管的电极数目，第二部分用汉语拼音字母表示半导体器件的材料和极性，第三部分用汉语拼音字母表示半导体管的类别，第四部分用数字表示半导体器件的序号，第五部分用汉语拼音字母表示规格号。场效应管、半导体特殊器件、复合管、激光器件的型号只有第三、四、五部分而没有第一、二部分。半导体器件型号命名方法见表3-3。

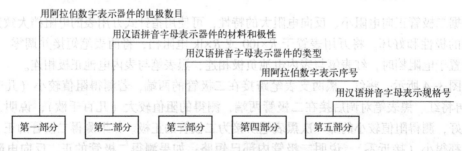

图3-5 半导体器件型号命名方法

表3-3 半导体器件型号命名方法

第 二 部 分		第 三 部 分			
字母	含意	字母	意义	字母	含意
A	N型锗材料	P	普通管	D	低频大功率管 ($f<3MHz$, $P_c \geq 1W$)
B	P型锗材料	V	微波管		
C	N型硅材料	W	稳压管	A	高频大功率管 ($f \geq 3MHz$, $P_c \geq 1W$)
D	P型硅材料	C	参量管		
A	PNP型锗材料	Z	整流管	T	半导体闸流管（可控整流器）
B	NPN型锗材料	L	整流堆	Y	体效应器件
C	PNP型硅材料	S	隧道管	B	雪崩管

(续)

第二部分		第三部分			
字母	含意	字母	意义	字母	含意
D	NPN 型硅材料	N	阻尼管	J	阶跃恢复管
E	化合物材料	U	光电器件	CS	场效应器件
		K	开关管	BT	半导体特殊器件
		X	低频小功率管 ($f<3\,\text{MHz}$, $P_c<1\,\text{W}$)	PIN	PIN 型管
				FH	复合管
		G	高频小功率管 ($f\geqslant 3\,\text{MHz}$, $P_c<1\,\text{W}$)	JG	激光器件

示例：2AP9 表示 N 型锗材料普通二极管；

2CK84 表示 N 型硅材料开关二极管；

3AX81 表示 PNP 型锗材料低频小功率三极管；

3DD303C 表示 NPN 型硅材料低频大功率三极管（C 为区别代号）。

（2）用万用表测量普通二极管（以 MF-47 型万用表为例）

测量判别之前，首先要知道万用表电阻档的等效电路，如图 3-6 所示。

可以利用万用表的内部电池给二极管外加正、反向电压，测其正、反向电阻来判别它的极性。

半导体二极管是具有明显单向导电特性或非线性伏安特性的半导体两极器件。由于 PN 结构单向导电性，导致其测量方法基本是一样的。

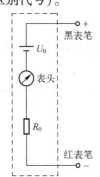

图 3-6 万用表电阻档等效电路

通常小功率锗二极管的正向电阻值为 $300\sim500\,\Omega$，硅管的为 $1\,\text{k}\Omega$ 或更大些。锗管反向电阻几十千欧，硅管反向电阻在 $500\,\text{k}\Omega$ 以上（大功率二极管的数值要小得多）。正、反向电阻差值越大越好。

5. 训练要求

1）要求测量动作规范，读数方法正确，读数误差小；判断晶体管极性时动作要灵活，思路要清晰。

2）能在短时间内规范测量动作，较精确地读取数据。

3）使用万用表要首先注意测量档位，切记不可用欧姆档测量市电（交流 220 V）；万用表是比较精密的电子仪表，在使用和携带时，要特别防止振动，过度的振动会使万用表失去精度或损坏。

6. 任务实施步骤

（1）极性的判别

根据二极管正向电阻小、反向电阻大的特点可判别二极管的极性。

将万用表拨到欧姆档（一般用 $R\times100$ 或 C 档，不用 $R\times1$ 或 $R\times10\text{k}$ 档，因为 $R\times1$ 档使用的电流太大，容易烧坏管子，而 $R\times10\text{k}$ 档使用的电压太高，可能击穿管子），将表笔分别与二极管的两极相连（如图3-7所示），测出两个阻值 R_a_____（>、=、<）R_b，若所测得阻值较小，与黑表笔相接的一端为二极管的_____（正极/负极），与红表笔相接的一端为二极管的_____（正极/负极）。如果测得的正、反向电阻均很小，说明二极管内部_____（断路/短路）；如果测得的正、反向电阻均很大，则说明二极管内部（断路/短路）。在这两种情况下二极管_____（正常/报废）。

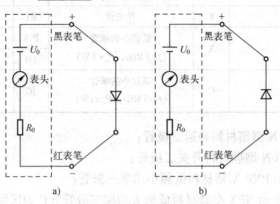

图 3-7 用万用表测试二极管的正、反向电阻

任意测量两种不同类型的二极管，将有关内容填入表3-4中。

表 3-4 测量两种不同类型的二极管

序号	型号	正向电阻	反向电阻	判别极性与性能好坏

（2）二极管材料判别方法

因为硅二极管一般正向电压降为 0.6~0.7 V，锗二极管的正向压降为 0.2~0.3 V，所以测量二极管的正向导通电压，便可判别被测二极管是硅管还是锗管。

具体测量方法是：在干电池（1.5 V）的一端串一个电阻（约 1 kΩ），同时按极性与二极管相接（图3-8），使二极管正向导通，这时用万用表测量二极管两端的电压降，将有关内容填入表3-5中。根据正向电压降判别二极管的材料。

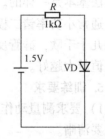

图 3-8 二极管材料判别

表 3-5 测量二极管两端的压降

序　号	型　号	正向电压降/V	结　论
1			
2			

7. 巡回指导要点

1）指导学生测量二极管，并示范；

2）指导学生正确读取数据。

8. 实训效果评价标准

（1）二极管极性的判别（50分）。

要求：1）正确判断二极管的极性；2）正确测量出正向电阻和反向电阻。

（2）二极管材料的判别（30分）。

要求：1）能正确测量出二极管正向导通压降；2）能正确判断出二极管材料。

在以上的检测过程中，能够正确操作，不出现违规现象，准确读取测量的数值（20分）。

【知识补充】

1. 整流二极管

整流二极管主要用于整流电路，把交流电变换成脉动的直流电，由于通过的正向电流较大，对结电容无特殊要求，所以其PN结为面接触型。

2. 检波二极管

检波二极管的主要作用是把高频信号中的低频信号检出。因为要求结电容小，所以其结构为点接触型，一般采用锗材料制成。

3. 发光二极管

发光二极管通常用元素周期表中的Ⅲ、Ⅴ族元素的化合物，如砷化镓、磷化镓等所制成。当这种管子通以电流时将发出光来，这是由于电子与空穴直接复合而放出能量的结果。光谱范围是比较窄的，其波长由所使用的基本材料而定。几种常见发光材料的主要参数如表3-6所示。发光二极管常用来作为显示器件，除单个使用外，也常做成七段式或矩阵式器件，工作电流一般为几个毫安至十几毫安。

表3-6 发光二极管的主要特性

光 名	波长/nm	基本材料	正向电压（10mA时）/V	光功率/μW
红外光	900	砷化镓	1.3~1.5	100~500
红光	655	磷砷化镓	1.6~1.8	1~2
鲜红光	635	磷砷化镓	2.0~2.2	5~10
黄光	583	磷砷化镓	2.0~2.2	3~8
绿光	565	磷化镓	2.2~2.4	1.5~8

发光二极管的另一个很重要的用途是将电信号变为光信号，通过光缆传输，然后再用光电二极管接收，再现电信号。在发射端，一个0~5V的脉冲信号通过500Ω的电阻作用于发光二极管（LED），这个驱动电路可使LED产生一数字光信号，并作用于光缆。由LED发出的光约有20%耦合到光缆。在接收端传送的光中，约80%耦合到光电二极管，以致在接收电路的输出端复原为0~5V电平的数字信号。

任务 3.2　整流电路及其电路测试

【学习目标】

1) 理解并会分析单相桥式整流电路。
2) 掌握估算整流电路输出电压的方法。

【任务布置】

1) 能在实训室的电路板上正确连接整流电路。
2) 能运用公式计算整流电路中的输出电压。

【任务分析】

利用二极管的单向导电性，可以将交流电变换为直流电，称之为整流。

本任务通过半波整流和全波桥式整流两种技能训练，掌握整流电路的特性、参数计算、测试，以及并通过该训练掌握整流电路的特性和应用。

【知识链接】

晶体二极管最广泛的应用是直流电源中的整流电路。

电子设备及仪器中所需用的直流稳压电源一般都由交流电网供电，经"整流""滤波""稳压"后得到的直流电。所谓"整流"就是利用二极管的单向导电性能，把交流电变成单向脉动的直流电；所谓"滤波"，就是滤除脉动直流电中的交流部分，而得到比较平滑的直流电。为了把交流电源电压变换为符合整流电路所需要的交流电压值，往往在整流之前加一变压器。但是这种直流电源的性能还很差，其输出电压随交流电网电压的波动、负载电流的变化及温度变化等而变化，故还需要加入稳压电路，所以直流稳压电源一般由 4 部分组成，如图 3-9 所示。

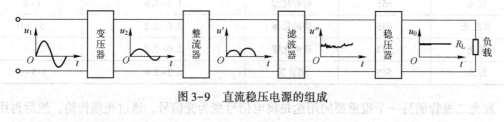

图 3-9　直流稳压电源的组成

3.2.1　单相半波整流电路

单相半波整流电路（图 3-10）给出了纯电阻负载的半波整流电路及其整流波形，其中 u_1 表示电网电压，u_2 表示变压器次级电压，R_L 为负载电阻。设 $u_2 = \sqrt{2}\,U_2 \sin\omega t$，由于二极管的单向导电作用，在电源电压一个周期内，只有正半周二极管才导通，若忽略二极管的正向压降，则负载上的输出电压 u_0 为

$$u_0 = \sqrt{2}U_2\sin\omega t \quad 0 \leqslant \omega t \leqslant \pi$$
$$u_0 = 0 \quad \pi \leqslant \omega t \leqslant 2\pi$$

由 u_0 的波形可知，这种整流电路仅利用了电源电压 u_2 的半个波，故称半波整流。这种单向脉动输出电压，常用一个周期的平均值来表示它的大小。单相半波整流电压的平均值为

$$U_0 = \frac{1}{2\pi}\int_0^\pi \sqrt{2}U_2\sin\omega t\mathrm{d}\omega t = \frac{\sqrt{2}}{\pi}U_2 = 0.45U_2$$

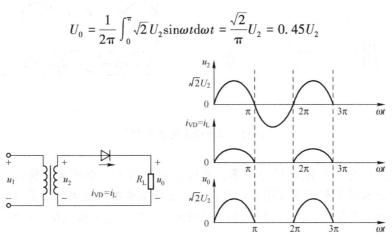

图 3-10 单相半波整流电路及其波形

流经二极管的电流等于负载电流，其平均值为 $I_{VD} = I_L = 0.45U_2/R_L$，$I_F \geqslant I_{VD}$；二极管截止时受到的最高反向工作电压为 $U_R = \sqrt{2}U_2$。

这样根据 I_F（最大整流电流）和 U_R 就可以选择合适的整流元件。

3.2.2 单相桥式整流电路

单相桥式整流电路及波形如图 3-11 所示。设电源变压器的次级电压 $u_2 = \sqrt{2}U_2\sin\omega t$，4 只整流二极管接成电桥形式，图 3.11c 为单相桥式整流电路的简化画法，当电源电压 U_2 为正半周时，变压器次级 a 端为正，b 端为负，二极管 V_1、V_3 导通，V_2、V_4 截止；电流由 a→V_1→R_L→V_3→b；当电源电压 U_2 为负半周时，变压器次级 b 端为正，a 端为负。二极管 V_1、V_3 截止，V_2、V_4 导通；电流由 b→V_2→R_L→V_4→a。

可见，在电源电压的整个周期内，V_1V_3 和 V_2V_4 两组管子轮流导通，但无论电源的正半周还是负半周都有电流通过负载，则输出电压和电流的平均值都比半波整流电路增加一倍，但通过每只管子的电流和半波时一样。因此桥式整流电路的输出电压的平均值 U_0 和负载电流的平均值分别为 $U_0 = 2\times 0.45U_2 = 0.9U_2$，$I_L = 0.9U_2/R_L$。

每两个二极管在半周内串联导通，因此每个二极管中流过的平均电流只有负载电流的一半，即 $I_{VD} = \frac{1}{2}I_L = 0.45U_2/R_L$。

由图 3-11 可以看出，起电流截止作用的二极管所承受的最高反向工作电压等于 u_2 的最大值，即 $U_R = \sqrt{2}U_2$。这与半波整流电路相同。

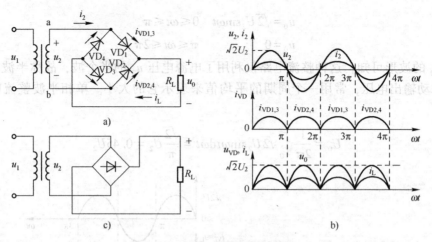

图 3-11 单相桥式整流及其波形

由于桥式整流电路的优点较为显著,所以使用很普遍。近年来,整流二极管的组合件——硅桥式整流器得到广泛应用,它是应用半导体集成电路技术将 2 只(半桥)或 4 只(全桥)二极管集成在同一硅片上以代替 4 只整流二极管,具有体积小、特性一致、使用方便的特点。

【任务实施】

3.2.3 技能训练:整流电路组装与测量

1. 训练任务

1)组装整流电路;
2)测量整流电路。

2. 训练目标

通过组装整流电路,理解整流电路参数的作用,学会整流电路应用。

3. 仪表、仪器与设备

数字万用表、DDS 函数信号发生器、20 MHz 双踪示波器、面包板、面包板连接线、整流二极管 IN4007、1 kΩ 电阻。

4. 相关知识

(1) 半波整流电路

半波整流电路如图 3-12 所示。

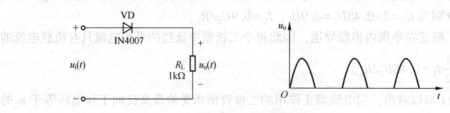

图 3-12 半波整流电路

（2）桥式整流电路

桥式整流电路如图3-13所示。

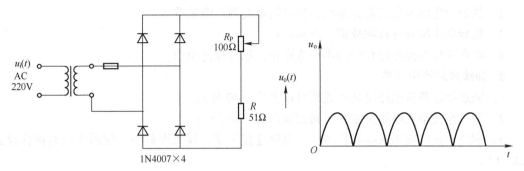

图3-13 桥式整流电路

5. 训练要求

1）组装电路要求：元器件布局合理，电路调整方便，电路与仪器连接方便。

2）树立质量就是生命的意识，在训练中应追求产品质量的完美，调试电路参数时力求精益求精。

3）操作中注意安全，防止人身意外触电；操作中暂时不用的仪器，不要关闭电源，应将示波器辉度调暗；将万用表拨至电压档。

6. 任务实施步骤

1）半波整流电路装配。

在面包板上装配半波整流电路，如图3-12所示。

2）半波整流电路测试。

利用信号发生器产生$u_i(t)=8\sin(2\pi\times100t)$ V的正弦波，将其连接到半波整流电路输入端，使用示波器观察整流后输出波形，测量输出信号频率、幅度，并在图3-14上画出输出波形。

经半波整流后，输出信号频率$f=$ _____ Hz，幅度为 _____ V。

3）桥式整流电路测试。

利用信号发生器产生$u_i(t)=8\sin(2\pi\times100t)$ V的正弦波，将其连接到桥式整流电路（图3-13）输入端，使用示波器观察整流后输出波形，测量输出信号频率、幅度，并在图3-15上画出输出波形。

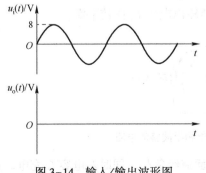

图3-14 输入/输出波形图

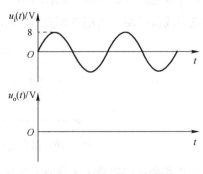

图3-15 输入/输出波形图

7. 巡回指导要点

1）指导学生组装整流电路，检查电路连接得正确与否；
2）指导学生测量整流电路参数，注意测量要领与测量重点；
3）指导学生检查并排除故障，并示范；
4）纠正学生在操作过程中的不规范操作，示范规范操作。

8. 训练效果评价标准

1）完成半波整流电路组装并正确测量参数（40分）；
2）完成全波整流电路组装并正确测量参数（40分）；
3）训练中正确使用仪器和仪表，与电路连接可靠，读数误差小，使用中没有损伤仪器（20分）。

任务3.3　滤波电路及其电路测试

【学习目标】

1）理解并会分析滤波电路。
2）了解滤波电路输出电压估算的方法。

【任务布置】

1）能在实训室的电路板上正确连接滤波电路。
2）能运用公式计算滤波电路输出电压。

【任务分析】

整流电路输出的直流电仍含有较多脉动（交流）成分，把脉动直流电变成平稳的直流电的过程被称为滤波。通常的滤波电路有电容、电感等元件组成。

【知识链接】

3.3.1　电容滤波

电容滤波电路（C滤波）的图3-16中，在负载R_L两端并联一只容量较大的电解电容，便构成电容滤波电路，利用电容充/放电的作用可使输出电压U_0比较平滑。

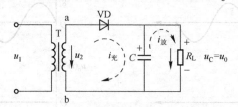

图3-16　接有电容滤波器的单相半波整流电路

在u_2正半周，二极管VD导通，整流电流一方面流经负载，同时对电容C充电。由于充电回路电阻很小，所以充电很快，电容电压 u_C 跟随 u_2 同步上升并达到最大值 U_{2m}，而后 u_2 开始下降，出现 $u_2<u_C$，二极管反向截止；电容 C 向负载电阻 R_L 放电，其放电速度很慢，则输出电压 u_0（即 u_C）按指数曲线逐渐下降。在 u_2 的下一个周期到来，且 $u_2>u_C$ 时，二极管又导通，电容再被充电，便重复上述过程。由图 3-17 可以看出，通过电容滤波后，输出电压的脉动大为改善，输出电压平均值提高，通常取 $U_0=U_2$（半波），$U_0=1.2U_2$（全波）。

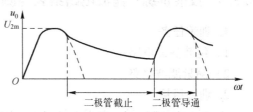

图 3-17 电容滤波器的作用

滤波后输出波形如图 3-17 所示，只有当电容器的容量较大而负载电流又较小时，电容放电缓慢，波形才比较平滑。因此电容滤波比较适合小功率的负载。

3.3.2 电感滤波

如图 3-18 所示，滤波电感与负载串联，当负载中电流变化时，由于电感元件对电流的变化起阻碍作用，从而使电流波形变得较为平滑。电感量越大，波形效果越好，但电感量过大的线圈其体积较大且笨重，一般在大功率整流滤波电路中才应用。

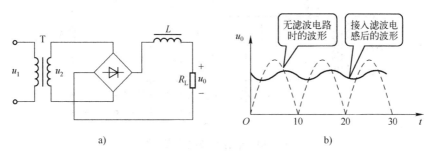

图 3-18 电感滤波
a）电路图　b）波形图

3.3.3 复式滤波

根据需要可以用 L、C 或 R、L 组成复式滤波电路，以增强滤波效果，图 3-19 所示为复式滤波电路。

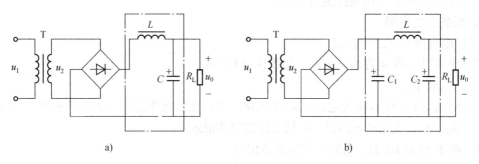

图 3-19 复式滤波

【任务实施】

3.3.4 技能训练：滤波电路组装与测量

1. 训练任务

1）组装滤波电路；
2）测量滤波电路。

2. 训练目标

通过组装滤波电路，掌握滤波电路参数的作用，学会整流滤波电路应用。

3. 仪表、仪器与设备

数字万用表、DDS 函数信号发生器、20 MHz 双踪示波器、面包板、面包板连接线、整流二极管 IN4007、电阻（150 Ω、1 kΩ）。

4. 相关知识

电容滤波电路如图 3-20 所示。

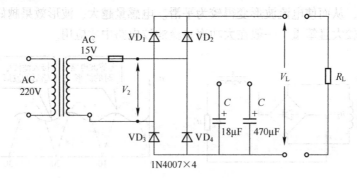

图 3-20　电容滤波电路实验图

5. 训练要求

1）组装电路要求：元器件布局合理，电路调整方便，电路与仪器连接方便。

2）树立质量就是生命的意识，在训练中应追求产品质量的完美，调试电路参数时力求精益求精。

3）操作中注意安全，防止人身意外触电；操作中暂时不用的仪器，不要关闭电源，应将示波器辉度调暗；万用表拨至电压档。

6. 任务实施步骤

（1）电容滤波电路的装配

在面包板上装配电容滤波电路，如图 3-20 所示。

（2）测量并比较

1）分别用不同电容接入电路，R_L 先不接，用示波器观察波形，用电压表测 V_L 并记录。

2）接上 R_L，先用 $R_L=1\text{ k}\Omega$，重复上述实验并记录。

3）将 R_L 改为 100 Ω，重复上述实验并记录。

7. 巡回指导要点

1）指导学生组装滤波电路，检查电路的连接正确与否；

2）指导学生测量滤波电路参数，注意测量要领与测量重点；

3）指导学生检查并排除故障，且进行操作示范；

4）纠正学生在操作过程中的不规范操作，示范规范操作。

8. 实训效果评价标准

1）完成滤波电路组装并正确测量参数（80分）；

2）训练中正确使用仪器和仪表，与电路连接可靠，读数误差小，使用中没有损伤仪器（20分）。

任务 3.4　稳压电路及其电路测试

【学习目标】

1）理解并分析串联型稳压电源电路。

2）了解三端固定式稳压器的应用。

3）掌握测试直流稳压电源主要技术指标的方法。

【任务布置】

1）能在实训室的电路板上连接稳压电路。

2）能识别各种型号的三端稳压器。

3）能测试直流稳压电源的主要技术指标。

【任务分析】

经整流和滤波后的电压往往不稳定，会随电源电压的波动和负载的变化而变化。为了得到稳定的直流输出电压，在整流滤波之后必须进行稳压，以满足各种电子设备的要求。

【知识链接】

3.4.1　简单的稳压电路

最简单的稳压电路是用稳压管组成的稳压电路，如图 3-21 所示，U_i 为整流和滤波后的电压，U_o 为输出电压。限流电阻 R 和稳压管是电路中起到稳压作用的关键元件。

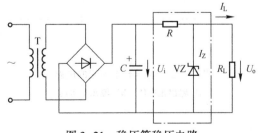

图 3-21　稳压管稳压电路

当交流电源电压增加而使整流和滤波后的输出电压 U_i 增加时，输出电压 U_o（即为稳压管两端的反向电压）也要增加，稳压管电流 I_Z 亦显著增加（由稳压管的特性曲线决定），使电阻 R 上的电流和压降增加，以抵消 U_i 的增加，从而使输出电压 U_o 保持近似不变。相反，如电源电压下降，而引起输出电压 U_o 降低，通过电阻 R 和稳压管 VZ 的调整，仍可保持输出电压 U_o 近似不变。

当电源电压保持不变而负载电流增大时（负载 R_L 减小），引起输出电压的降低，则马上引起稳压管电流 I_Z 的显著减小，使电阻 R 上的压降减小，而保持输出电压 U_o 近似不变。若负载电流减小，一个相反的过程，也使 U_o 近似不变。

3.4.2 集成稳压电路

随着半导体集成工艺的发展，稳压电路也已制成了集成器件，它体积小，使用灵活，电路简单，其中尤以三端固定式稳压器电路得到广泛应用。

三端固定式稳压器的外形及引脚排列如图 3-22 所示。对于 78×× 正压系列、输入端是最高电位端，接地端为最低电位端；对于 79×× 负压系列，输入端为最低电位端，接地端为最高电位端。

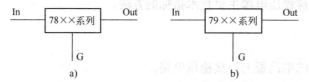

图 3-22 三端固定式稳压器的引脚排列图⊖
a) 78×× 系列 b) 79×× 系列

下面介绍几种常用电路：

1) 输出电压固定的电路。图 3-23a 和 b 分别为 78×× 系列和 79×× 系列集成输出正、负电压的电路。其中 C_i 为输入滤波电容，用于旁路高频干扰脉冲；C_o 用于改善输出的瞬态特性并具有消振作用。当输出电压较高且 C_o 容量较大时，必须在输入端与输出端之间跨接一个保护二极管 VD（图中虚线部分），以保护集成块被击穿的可能。

图 3-23c 为可同时输出正、负两组电压的电路。

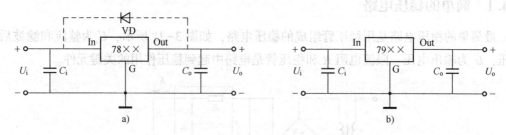

图 3-23 输出电压固定的电路
a) 输出正电压 b) 输出负电压

⊖ 本任务中引脚号的标注是按照引脚电位从高到低的顺序标注的，这样标注便于记忆。引脚 1 为高电位，引脚 3 为低电位，引脚 2 为居中电位。不论正压还是负压，引脚 2 均为输出端。对于 78×× 正压系列，输入是高电位，因此是引脚 1，接地端为低电位，即为引脚 3。对与 79×× 负压系列，输入为低电位，因此是引脚 3，接地端为高电位，即引脚 1。

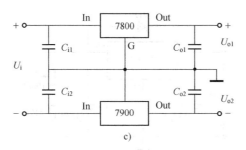

图 3-23 输出电压固定的电路（续）
c）输出正、负电压

2）提高输出电压的电路（如图 3-24 所示）。显然输出电压 $U_o = U_{o1} + U_{o2}$ 式中，U_{o1} 为 78××系列稳压器固定输出电压；U_{o2} 为稳压管的稳定电压。

3）扩大输出电流的电路（如图 3-25 所示）。图中采用了外接晶体管的方法来扩大输出电流。

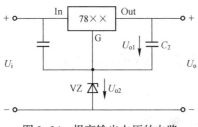

图 3-24 提高输出电压的电路

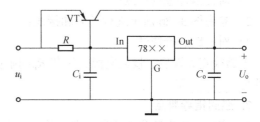

图 3-25 扩大输出电流的电路

【任务实施】

3.4.3 技能训练：集成稳压电路组装与测量

1. 训练任务

1）组装集成稳压电路；
2）测量集成稳压电路。

2. 训练目标

用三端固定式稳压器组成稳压电路；了解集成稳压器特性和使用方法，掌握直流稳压电源主要参数测试方法。

3. 仪表、仪器与设备

数字万用表、20 MHz 双踪示波器、78LD5 三端稳压电源、面包板、面包板连接线、整流二极管 IN4007、51 Ω 电阻。

4. 相关知识

集成稳压电路如图 3-26 所示。

5. 训练要求

1）组装电路要求：元器件布局合理，电路调整方便，电路与仪器连接方便。
2）树立质量就是生命的意识，在训练中应追求产品质量的完美，调试电路参数时力求

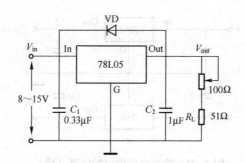

图 3-26 三端固定式稳压器参数测试

精益求精。

3) 操作中注意安全,防止人身意外触电;操作中暂时不用的仪器,不要关闭电源,应将示波器辉度调暗;万用表拨至电压档。

6. 任务实施步骤

1) 对元器件进行检测;
2) 参考图 3-26 所示进行安装和接线;
3) 对电路进行调试。

电路检查无误后,接通电源,调节 R_p 的阻值,测得输出电压的最小值为_____V,最大值为_____V。

7. 巡回指导要点

1) 指导学生组装集成稳压电路,检查电路的连接正确与否;
2) 指导学生测量集成稳压电路参数,注意测量要领与测量重点;
3) 指导学生检查并排除故障,且进行操作示范;
4) 纠正学生在操作过程中的不规范操作,示范规范操作。

8. 训练效果评价标准

1) 完成集成稳压电路组装并正确测量参数(80分)。
2) 训练中正确使用仪器和仪表,与电路连接可靠,读数误差小,使用中没有损伤仪器(20分)。

项目4 小信号电压放大器的分析与测试

【项目描述】

电子电路中广泛使用了各种电子器件。随着材料及制造工艺的发展,电子器件种类不断增多,但其工作原理均基于二极管、晶体管,故对二极管、晶体管及其电路的学习十分重要。

任务4.1 晶体管的分析与测试

【学习目标】

1) 了解晶体管的结构、分类。
2) 掌握晶体管的符号、工作原理。
3) 掌握晶体管共射输入特性曲线和输出特性曲线、三个工作区的特点及主要参数。
4) 会利用万用表识别与测试晶体管。

【任务布置】

1) 使用万用表进行晶体管好坏的判断。
2) 使用万用表进行晶体管引脚的判别。

【任务分析】

先从 PN 结内容入手,然后再进行晶体管的结构、工作原理分析。

对晶体管共射输入特性曲线和输出特性曲线、三个工作区的特点及主要参数的进行讲解。

用万用表进行晶体管两个 PN 结的测试,加深对晶体管结构、三个区的区别等理解;进一步学会应用这些知识,进行晶体管引脚的区分及好坏的判断。

【知识链接】

4.1.1 晶体管的结构

1. 概述

半导体晶体管简称晶体管,常用晶体管外形如图 4-1 所示。晶体管按频率可分为高频管、低频管;按功率可分为大功率管、中功率管、小功率管;按材料可分为硅管、锗管。按载流元素不同分为单极型和双极型;按极性可分为 NPN 型和 PNP 型两大类。

2. 晶体管的结构

晶体管是由两个 PN 结按一定的制造工艺结合而成,其结构示意图和图形符号如图 4-2

所示。

每个晶体管都有发射区、基区和集电区三个不同的导电区域，对应三个区域引出的三个电极称为发射极 e、基极 b、集电极 c 三个电极。这三个区域形成两个 PN 结，基区与发射区之间的结被称为发射结，基区与集电极之间的结被称为集电结。

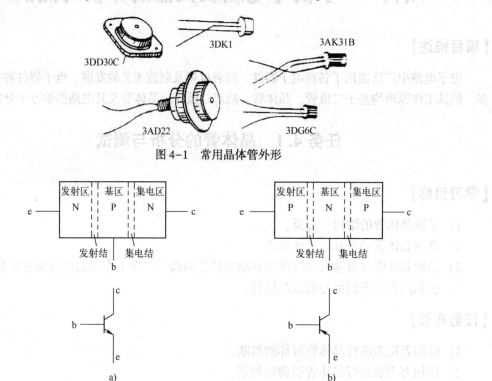

图 4-1 常用晶体管外形

图 4-2 晶体管结构示意图及符号
a）NPN 型 b）PNP 型

晶体管内部结构有以下三个特点（晶体管具有电流放大作用的内部条件）：

1）发射区面积小，其掺杂浓度高，载流子数量多。

2）基区极薄，其掺杂浓度很低，载流子数量很少。

3）集电区面积大，其掺杂浓度次于发射区而高于基区。发射极和集电极不能互换。

由于 NPN 型和 PNP 型晶体管的工作电流方向不同，它们的图示符号上箭头指示方向也不同（发射极的箭头方向代表发射极电流的实际方向）。

4.1.2 晶体管的电流放大作用

晶体管的基本特性是具有电流放大作用。要使晶体管能够正常进行电流放大，就必须在它的三个电极加上合适的电压。

1. 晶体管的基本组态

晶体管的三个极中任选其中一个电极作为公共电极时，可组成三种不同的基本组态（集电极不能作为输入端，基极不能作为输出端），分别称之为共基极、共集电极和共发射极，如图 4-3 所示。

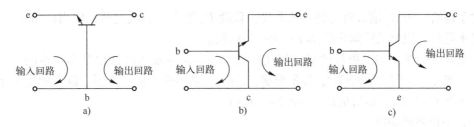

图 4-3 晶体管的基本组态
a）共基极　b）共集电极　c）共发射极

三种组态无论采用哪种接法，无论是哪一种类型的晶体管，其工作原理是相同。下面以 NPN 型晶体管所接成的共发射极电路为例，说明晶体管的电流放大原理。

2. 电流分配和放大作用

当发射结正偏（b 点电位高出 e 点电位零点几伏，即 $U_{be}>0$）、集电结反偏（c 点电位高出 b 点电位几伏，即 $U_{ce}>0$，晶体管可实现放大作用。如图 4-4 所示，加上符合条件的电压后，在其内部形成发射极电流 I_e、基极电流 I_b 和集电极电流 I_c。

（1）发射区向基区注入电子

对发射结加上正向电压后，发射区的多数载流子电子浓度远大于基区的空穴浓度，故发射区的电子不断越过发射结扩散到基区，并不断从电源 E_b 补充电子，形成发射极电流 I_e。

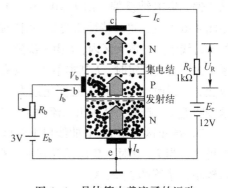

图 4-4 晶体管中载流子的运动

（2）电子在基区扩散与复合

由于基区很薄，发射区电子扩散到基区后，大部分电子很快扩散到集电结附近，只有少量的电子与基区中空穴复合形成电流 I_b。

（3）集电区收集从发射区扩散过来的电子

由于集电结反向偏置，从发射区扩散到基区的电子中绝大部分穿越过基区而扩散到集电区，形成较大的集电极电流 I_c，仅很小一部分电子在基区中与空穴复合，形成很小的基极电流 I_b。所以有 $I_c+I_b=I_e$，I_c 与 I_b 的分配比例取决于电子扩散与复合的比例。管子制成后，两者比例将保持一定，因此通过改变 I_b 的大小可达到控制 I_c 的目的。

晶体管内部这种电流分配的状况，以基极小电流的变化控制集电极大电流的变化，这就是电流放大原理的实质所在。

3. 晶体管的伏安特性曲线

常用的特性曲线是共发射极接法的输入特性曲线和输出特性曲线。这些曲线可以通过实验方法逐点测绘出来或用晶体管特性图示仪直接观察得到。

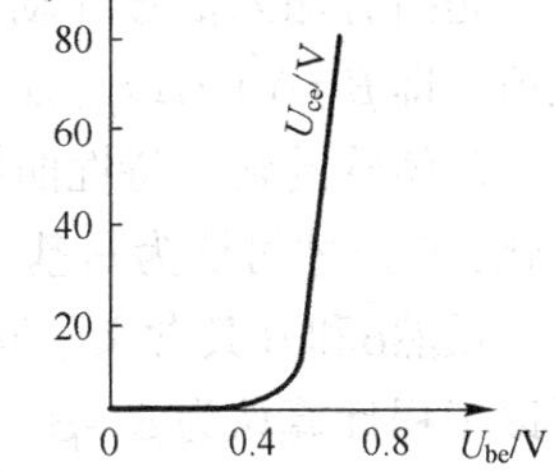

（1）输入特性曲线

输入特性曲线是指当集电极-发射极电压 U_{ce} 为常数时，输入电路中基极电流 I_b 与基极-发射极电压 U_{be} 之间的关系为 $I_b=f(U_{be})|_{U_{ce}=常数}$，如图 4-5 所示。由于输入特性要受 U_{ce} 的影

图 4-5 3DG6 晶体管的输入特性曲线

响,对于每给一个 U_{ce} 值,将得到一条曲线,且随 U_{ce} 增大,曲线左移,但当 $U_{ce} \geq 1\,\text{V}$ 以后,曲线基本重合,因此只需画出 $U_{ce} \geq 1\,\text{V}$ 的一条曲线。

由图 4-5 可见,与二极管的正向特性相似,晶体管的输入特性也是非线性的,也有一段死区。当 U_{be} 小于阈值电压时,管不导通,$I_b \approx 0$。晶体管正常工作时,硅管的发射结电压降为 $U_{be} \approx 0.6 \sim 0.7\,\text{V}$,锗管的 $U_{be} \approx -0.2 \sim -0.3\,\text{V}$。

(2) 输出特性曲线

指当基极电流 I_b 为某一固定值时,集电极电流 I_c 与集电极-发射极电压 U_{ce} 之间的关系曲线为 $I_c = f(U_{ce})|_{I_b=常数}$。当取不同的 I_b 值时,可得到一组曲线,如图 4-6 所示。输出特性曲线组可以分为三个区域:

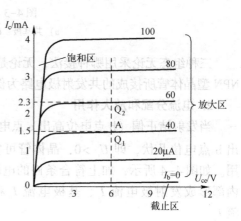

图 4-6 3DG6 晶体管的输出特性曲线

1) 放大区:晶体管处于放大区的条件是发射结正偏,集电结反偏,即 $I_b > 0$,$U_{ce} > 1\,\text{V}$ 的区域。由图 4-6 可见,这时特性曲线是一组间距近似相等的平行线组。在放大区内,I_c 由 I_b 决定,而与 U_{ce} 关系不大,即 I_b 固定时,I_c 基本不变,具有恒流特性。改变 I_b 可以改变 I_c,且 I_c 的变化远大于 I_b 的变化。这表明 I_c 受 I_b 控制,体现出电流放大作用。

2) 截止区:指 $I_b = 0$ 曲线以下的区域。截止时集电结和发射结都处于反偏。从图 4-6 中可见,当 $I_b = 0$ 时,集电结存在一个很小的电流 $I_c = I_e = I_{ceo}$,称之为穿透电流。硅管的 I_{ceo} 值较小,锗管的 I_{ceo} 较大。

3) 饱和区:对应于曲线组靠近纵坐标(即 U_{ce} 较小)的部分,饱和时,发射结、集电结均处于正向偏置,因此 I_c 不受 I_b 的控制,晶体管失去放大作用。

4. 晶体管的主要参数

晶体管的特性除用特性曲线表示外,还可用参数来说明,晶体管的参数也是设计电路、合理选用晶体管的依据。晶体管的参数很多,其主要参数有:

(1) 直流电流放大系数 $\bar{\beta}$

是指无输入信号(静态)情况下,集电极电流 I_c 与基极电流 I_b 的比值,即 $\bar{\beta} = I_c/I_b$,$\bar{\beta}$ 可以从输出特性曲线上求出,例如图 4-6 A 点处,有 $I_b = 40\,\mu\text{A}$,$I_c = 1.5\,\text{mA}$,则 $\bar{\beta} = \dfrac{1.5 \times 10^3}{40} = 37.5$。

(2) 交流电流放大系数 β

是指有输入信号(动态)时,集电极电流的变化量 ΔI_c 与相应的基极电流变化量 ΔI_b 的比值,即 $\beta = \Delta I_c / \Delta I_b$,$\beta$ 也可以由输出特性曲线求得。

晶体管的输出特性曲线是非线性的,只有在特性曲线的近于水平部分,I_c 随 I_b 成正比地变化,β 值才可认为是基本恒定的,常用的晶体管 β 值在 20~200 之间。

虽然 $\bar{\beta}$ 和 β 其含义不同,值也不完全相等,但在常用的工作范围内,$\bar{\beta}$ 和 β 却比较接近,所以工程计算认为 $\beta \approx \bar{\beta}$。

(3) 集电极-基极反向电流 I_{cbo}

I_{cbo} 是发射极在开路、集电结反向偏置时,c、b 之间出现的反向电流。I_{cbo} 值很小,但受温度的影响较大。在室温下，小功率锗管的I_{cbo}约为几微安到几十微安，小功率硅管在 1 μA 以下。一般认为，温度升高 10℃，I_{cbo}增大 1 倍。

(4) 集电极-发射极穿透电流I_{ceo}

I_{ceo}是基极在开路、集电结处于反向偏置、发射结处于反向偏置时，集电极与发射极之间反向电流，又称之为穿透电流。I_{ceo}与I_{cbo}的关系为$I_{ceo} = (1+\beta)I_{cbo}$。

因此，I_{ceo}约比I_{cbo}大$(1+\beta)$倍，I_{ceo}受温度影响更大些。显然，I_{ceo}和I_{cbo}越小，管子的温度稳定性越好。一般来说，硅管的温度稳定性比锗管好。

(5) 晶体管的极限参数

指晶体管正常工作时，电流、电压、功率等极限值，是晶体管安全工作的主要依据。晶体管的主要极限参数有以下 3 种。

1) 集电极最大允许电流I_{cm}。

集电极电流I_c太大时，电流放大系数β值要下降。当β值下降到正常数值的 2/3 时的集电极电流，称之为集电极最大允许电流I_{cm}。在使用时，若$I_c > I_{cm}$，晶体管也可能不致损坏，但β值将显著下降。

2) 集电极-发射极反向击穿电压$U_{(br)ceo}$。

它表示基极开路时，集电极和发射极之间允许加的最大反向电压，超过这个数值时，I_c将急剧上升，晶体管可能被击穿而损坏。手册中给出的$U_{(br)ceo}$一般是常温（25℃）时的值。温度升高，其$U_{(br)ceo}$值将要降低，使用时应特别注意。

3) 集电极最大允许耗散功率P_{cm}。

集电极电流流经集电结时将产生热量，使集电结温升高，导致晶体管性能变坏，甚至烧毁管子。P_{cm}就是根据最高集电结温给出的。由$P_{cm} = U_{ce}I_{ce}$，在输出特性曲线上画出的P_{cm}曲线，称之为功率损耗线。曲线左侧为安全工作区，右侧功率损耗值大于P_{cm}，为过损耗区，如图 4-7 所示。一般来说锗管允许集电结温为 70℃～90℃，硅管约为 150℃。

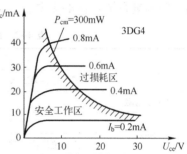

图 4-7 集电极最大允许耗散功率P_{cm}的轨迹

【任务实施】

4.1.3 技能训练：晶体管参数测量及质量指标检测

1. 训练任务

1) 用万用表测量晶体管集电结和发射结正、反向电阻。
2) 用万用表区分 NPN 和 PNP 晶体管。

2. 训练目标

1) 掌握晶体管种类判别的方法。
2) 掌握晶体管状态好坏判别的方法。

3. 仪表、仪器与设备

晶体管若干、指针式万用表。

4. 训练要求

1) 仪器和仪表等轻拿轻放。
2) 发现异常情况要立即报告老师。
3) 与本次训练无关的仪器仪表不要乱动。
4) 训练结束要进行整理、清理等 7S 活动。

5. 任务实施步骤

（1）PNP 和 NPN 晶体管的区分及好坏判断

将万用表调节到电阻 $R×100$ 或 $R×1k$ 档，进行欧姆档的调零，测量指定晶体管的 PN 结电阻并填表 4-1 中。

表 4-1 晶体管 PN 结电阻值测量记录表

类型	红表笔接 b（基极）		黑表笔接 b（基极）	
	黑表笔接 c（集电极）	黑表笔接 e（发射极）	红表笔接 c（集电极）	红表笔接 e（发射极）
PN 结电阻				

（2）晶体管管脚的分别

将万用表调节到电阻 $R×100$ 档，进行欧姆档的调零，将不知引脚标号的晶体管进行 PN 结电阻测量并填入表 4-2 中。

表 4-2 PNP 和 NPN 引脚判断参数测量记录表

类型	红表笔接任一脚		黑表笔接任一脚	
	黑表笔接第二极	黑表笔接第三极	红表笔接第二极	红表笔接第三极
PN 结电阻				
类型	红表笔接第二极		黑表笔接第二极	
	黑表笔接任一脚	黑表笔接第三极	红表笔接任一脚	红表笔接第三极
PN 结电阻				
类型	红表笔接第三极		黑表笔接第三极	
	黑表笔接第二极	黑表笔接任一脚	红表笔接第二极	红表笔接任一脚
PN 结电阻				

6. 巡回指导要点

1) 指导学生规范操作。
2) 指导学生正确测量并读取测量数据。

7. 训练效果评价标准

1) 正确进行晶体管 PN 结电阻的测量并判断其好坏（30 分）。
2) 正确通过晶体管 PN 结电阻的测量判别晶体管种类（50 分）。
3) 训练过程中能文明操作（10 分）。
4) "7S" 执行情况（10 分）。

8. 分析与思考

1) 根据表 4-1 测量数据进行晶体管的分类（PNP 和 NPN）。
2) 根据表 4-1 测量数据判断晶体管性能的好坏。

3）根据表 4-2 的测量数据进行晶体管引脚的区别。

9. 思考题

1）分析用万用表测量晶体管时出现的现象。

2）用万用表不同的档位测量时为何现象不同？

任务 4.2　基本放大电路的分析与测试

【学习目标】

1）掌握放大电路的概念、放大电路的组成，掌握基本放大电路的分析方法、主要性能指标。

2）掌握基本放大电路的调整和测试方法。

3）掌握反馈的基本概念及反馈类型判断；理解负反馈对放大电路性能的影响。

4）熟悉功率放大电路的基本概念和分类。

【任务布置】

1）在实训室的电路板上正确连接基本放大电路。

2）检查、调整和测量电路的工作状态。

3）在实训室的电路板上正确连接负反馈放大电路。

4）进行负反馈放大器动态性能参数的测试计算。

【任务分析】

借助多媒体资源进行相关理论知识的讲解；利用模拟电路实验箱进行基本放大电路、负反馈放大电路的正确连接；认识电路参数的调整对放大电路的影响；根据测量数据进行输入、输出波形的绘制，比较并分析输入、输出的参数。

【知识链接】

晶体管的主要用途是利用其电流放大作用组成各种放大电路。所谓放大电路，就是把微弱的电信号（电压或电流）不失真地放大到所需要的数值。晶体管放大电路广泛地应用在通信、工业自动化控制、测量等领域。

不同的负载对放大电路的要求不同，有的要求放大电压，有的要求放大电流，有的则要求放大功率。本节主要介绍基本放大电路的组成、工作原理及其分析方法。

4.2.1　基本放大电路的组成及作用

放大电路是电子电路最基本的电路之一，基本放大电路是放大电路中最基本的结构，是构成放大电路的基本单元。图 4-8 是共发射极接法的基本放大电路。其组成及各元器件作用如下。

1. 晶体管

晶体管是放大元件，是放大电路的核心。当发射极正偏、集电结反偏时，基极电流 i_b 控

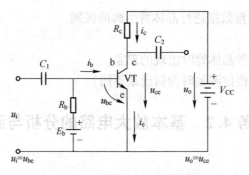

图 4-8 共发射极基本放大电路

制集电极电流 i_c，即 $i_c=\beta i_b$，实现电流放大。

2. 集电极电源 U_{cc}

这是整个放大电路的能源，一般为几伏到几十伏；同时它又保证集电结为反向偏置，使晶体管处于放大状态。

3. 集电极负载电阻 R_c

它将集电极电流变化转换为集电极电压的变化，以获得输出电压。R_c 的阻值一般为几千欧姆到几万欧姆。

4. 基极电源 E_b

它保证晶体管发射结处于正向偏置，这时 E_b 通过基极偏流电阻 R_b 来实现的。

5. 基极偏置电阻 R_b

在 E_b 的大小确定后，调节 R_b 可使晶体管基极获得合适的直流偏置电流（简称偏流）I_b，同时使晶体管有合适的静态工作点。

6. 耦合电容 C_1 和 C_2

分别接在放大电路的输入和输出端，用来传递交流信号，起"隔直通交"的作用，避免放大电路输入端与信号源之间、输出端与负载之间直流分量相互影响。在低频放大电路中常采用电解电容，取值为几微法到几十微法，使用时应注意其极性。

在实际运用中，E_b 可省去，而把 R_b 改接到 V_{cc} 端，由 V_{cc} 单独供电，如图 4-9 所示。在电路中，通常把公共端接"地"，设其电位为零，同时画图时往往省去电源的图形符号，而只标出它对"地"的电压值和极性。

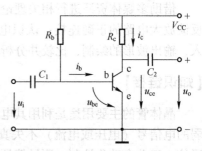

图 4-9 共射极基本放大电路
（电源用电位形式表示）

4.2.2 基本放大电路的分析方法

基本放大电路的分析主要围绕晶体管的静态工作点的设置和放大电路的技术指标展开。合适的静态工作点设置，是放大电路的基本条件，其分析过程称之为静态分析。

技术指标是用来衡量放大电路性能，其中放大电路的电压放大倍数、输入电阻和输出电阻被称为动态值，其分析过程为动态分析。

要保证放大电路正常工作，在未加输入信号时，必须使晶体管发射集处于正偏、集电结处于反偏，也就是说，晶体管必须设置直流基极电流I_{bQ}、集电极电流I_{cQ}和集电极-发射极电压U_{ceQ}，这些预先设置的直流电流、电压值被称为静态值。

1. 静态分析

在没有交流信号输入（$u_i = 0$）时的工作状态称为静态，这时电路中的电流和电压都是直流量，静态分析就是要确定放大电路的静态值。常用的分析方法有计算法和图解法两种。

（1）计算法

1）画出放大电路的直流通路图（$u_i = 0$，电容做开路处理，电感则做短路处理）。图4-9电路对应的直流通路如图4-10所示。

2）列出输入、输出回路的电压方程式。在图4-10中，基极电流为$I_{bQ} = \dfrac{U_{cc} - U_{be}}{R_b} \approx \dfrac{U_{cc}}{R_b}$，由于$U_{be} \ll U_{ce}$，故$U_{be}$可忽略不计，于是可将所有公式中$U_{cc}$改为$V_{cc}$。

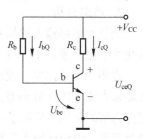

图4-10 基本放大电路的直流通路

3）求集电极电流I_{cQ}和集电极-发射极电压U_{ceQ}。由I_{bQ}可得出静态时$I_{cQ} = \beta I_{bQ} + I_{ceo} \approx \beta I_{bQ}$，式中$I_{ceo}$为穿透电流，一般数值很小，可忽略不计。静态时的集射电压为$U_{ceQ} = U_{cc} - R_c I_{cQ}$。

显然，只要I_{bQ}、I_{cQ}和U_{ceQ}不变，则静态工作点不变，所以图4-9被称为固定偏置基本放大电路，但在外部因素（温度）影响下会有所变动。

【**例4-1**】如图4-10所示电路，其中$R_b = 470\,\text{k}\Omega$，$R_c = 6\,\text{k}\Omega$，$C_1 = C_2 = 20\,\mu\text{F}$，$U_{CC} = 20\,\text{V}$，$\beta = 43$，求静态工作点。

解：（1）计算法

$$I_{bQ} \approx \frac{U_{CC}}{R_b} = \frac{20}{470}\,\text{mA} \approx 0.043\,\text{mA}$$

$$I_{cQ} \approx \beta I_{bQ} = 43 \times 0.043\,\text{mA} \approx 1.83\,\text{mA}$$

$$U_{ceQ} = U_{CC} - R_c I_{cQ} = (20 - 6 \times 1.83)\,\text{V} \approx 9.02\,\text{V}$$

（2）图解法

利用晶体管的输入、输出特性曲线，通过作图的方法分析放大器的工作情况，称之为图解法。放大电路（图4-10）静态时的图解分析如图4-11所示，其具体步骤如下：

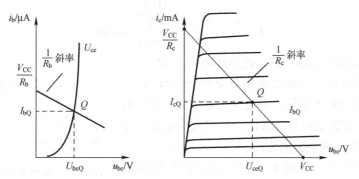

图4-11 基本放大电路静态时的图解分析

1) 在输入回路列方程式 $U_{be} = V_{cc} - I_{bQ}R_b$。
2) 在输入特性曲线图上作输入负载线，两线交点即是 Q，可得 I_{bQ}。
3) 在输出回路列方程式 $U_{ce} = V_{CC} - I_c R_c$。
4) 在输出特性曲线图的横轴及纵轴上确定两个特殊点，即 V_{CC} 和 V_{CC}/R_c，可画出直流负载线，它与对应的 I_b 特性曲线的交点即为 Q 点，从而得到 I_{eQ} 和 U_{ceQ}。

2. 动态分析

当放大电路输入端加上交流信号后，电路中的电压、电流均要在静态的基础上随输入信号变化而变化。图 4-12 所示左侧为晶体管的输出特性曲线，右侧则为晶体管的输入特性曲线。

在图 4-9 电路中，设输入信号为 $u_i = U_{im}\sin\omega t$，如图 4-12 所示，则晶体管 be 之间的电压就在原来直流电压（静态值）上叠加了一个交流信号 u_i，由于输入信号的变化，使基极电流 i_b 也在静态值的基础上叠加了一个基本按正弦规律变化的交流值（见图 4-12 输入特性曲线）。这样当基极总电流随输入信号按正弦规律变化时，工作点将以 Q 为中心，沿直流负载线 MN 上的 A、B 之间上下移动。由此可以画出随 i_b 变化而变化的 u_{ce} 波形（见图 4-12 输出特性曲线）。

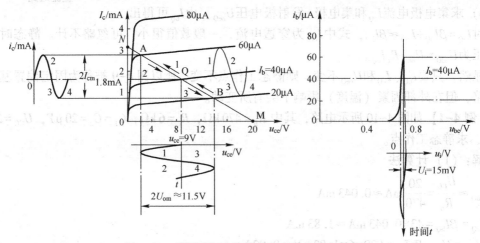

图 4-12　利用图解法估算放大电路的放大倍数

而 u_{ce} 经过耦合电容 C_2 输出时，由于 C_2 的隔直作用，只有交流分量才能通过 C_2 成为输出电压 u_o，因此放大器的电压放大倍数从图上可以求出：

$$A_u = \frac{u_o}{u_i} = -\frac{U_{om}}{U_{im}} = -\frac{\frac{11.5\,V}{2}}{15\,mV} = -380$$

式中，负号表示输出电压 u_o 与输入信号 u_i 相位相反。

由以上分析可知，当放大电路有交流信号输入时，i_b、i_c 和 u_{ce} 都包含有两个分量：直流分量及交流分量。对交流分量而言，直流电源及电容 C_1、C_2 可视为短路，便可得到图 4-13 所示的交流通路图。

利用工程估算法，由图 4-13 所示的交流通路图，可以来估算交流分量、电压放大倍数及放大器的输入电阻、输出电阻等。

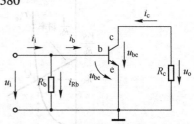

图 4-13　基本放大电路的交流通路

在图 4-13 所示，$u_i = u_{be} = i_b r_{be}$。其中 r_{be} 为晶体管的输入电阻。

当管子在小信号状态下工作时，r_{be} 是一个常数。低频、小功率晶体管的输入电阻常用下式估算

$$r_{be} = \left(300 + (1+\beta)\frac{26\,\text{mA}}{I_e\,\text{mA}}\right)\Omega$$

式中，I_e 为发射极静态电流值，r_{be} 一般为几百欧到几千欧。可见晶体管的输入电阻 r_{be} 与静态电流 I_e 有关。

交流电压放大倍数可用下式估算

$$A_u = \frac{u_o}{u_i} = -\frac{i_c R_c}{i_b r_{be}} = -\beta \frac{R_c}{r_{be}}$$

实际上放大电路的输出端总是接有负载的，它的交流通路如图 4-14 所示，可见放大电路接有负载后，其集电极交流等效负载电阻为 $R_c \parallel R_L = R_L'$，由于电容 C_2 的隔直作用，R_L 的接入对放大电路的静态值并无影响。但对交流而言，则应以 R_L' 代替原来的 R_c。

电路的电压放大倍数 A_u 为

$$A_u = \frac{u_o}{u_i} = \frac{-i_c R_L'}{i_b r_{be}}$$

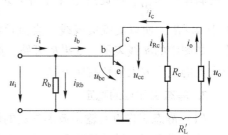

图 4-14 接有负载电阻 R_L 的基本放大电路

可见，放大器接上负载 R_L 后，由于 $R_L' < R_L$，故电压放大倍数有所下降。而负载线的斜率不再是 $\frac{1}{R_c}$，而应是 $\frac{1}{R_L'}$，这个新的负载线称之为交流负载线，因为它是由交流通路决定的。

【例 4-2】 在电路图 4-9 中，$R_b = 500\,\text{k}\Omega$，$R_c = 6.8\,\text{k}\Omega$，$U_{CC} = 20\,\text{V}$，$R_L = 6.8\,\text{k}\Omega$ 时，作出其交流负载线。

解：1）作直流负载线，如图 4-15 所示。

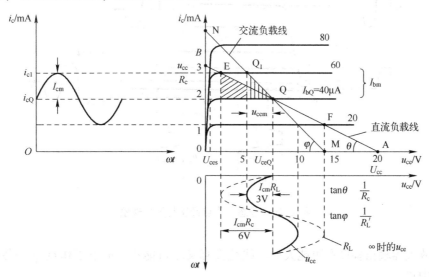

图 4-15 接负载后的动态图解法

令 $u_{cc}=0$,得 $i_c = \dfrac{20 \text{ V}}{6.8 \text{ K}\Omega} \approx 3 \text{ mA}$,即为 B 点。

令 $i_c=0, u_{ce}=20 \text{ V}$,即为 A 点。

连接 AB 两点的直线,即为直流负载线。

2) 确定静态工作点 Q。由 $I_{bQ} \approx \dfrac{U_{cc}}{R_b} = \dfrac{20}{500} = 40 \text{ μA}$,$I_{bQ}=40 \text{ μA}$ 的特性曲线与直流负载线 AB 相交,其交点 Q 即为放大电路的静态工作点,在 Q 处分别作垂线交于横坐标,作水平线交于纵坐标,可得 $U_{ceQ} \approx 7.5 \text{ V}$,$I_{cQ} \approx 2 \text{ mA}$。

3) 作交流负载线,接上负载 R_L 后,交流等效负载为 $R'_L = R_c \parallel R_L \approx 34 \text{ k}\Omega$,则交流负载线的斜率应为 $\dfrac{1}{R'_L}$,因此过 Q 点作斜率为 $\dfrac{1}{R'_L}$ 的直线 MN,即为交流负载线。由图 4-15 可见,由于 $R'_L < R_c$,所以交流负载线比直流负载线要陡一些。带上负载后,输出电压的幅度将减小,如图中的实线表示。如果 R_L 开路,则交流负载线与直流负载线重合。可见带上负载后,放大器的电压放大倍数有所下降。

3. 静态工作点的稳定

(1) 静态工作点对输出波形失真的影响

放大器要有合适的静态工作点,才能保证有良好的放大效果。如果静态工作点设置不当或者信号过大,都将可能引起输出信号失真。在图 4-16 中,静态工作点 Q_A 位置过高,则在输入信号的正半周,晶体管进入饱和区工作,使 i_c 的正半周和 u_{ce} 的负半周顶部被切掉,引起严重的波形失真,称为饱和失真。而静态工作点 Q_B 过低,在输入信号的负半周,u_{ce} 和 i_c 波形也发生失真。这是由于晶体管进入截止区引起的失真,称之为截止失真。

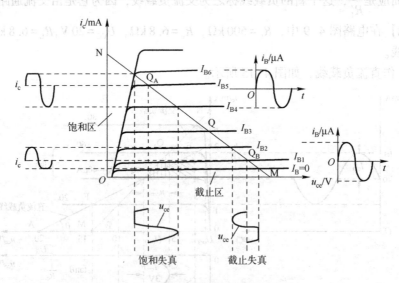

图 4-16 静态工作点设置与失真现象

为使放大器输出幅度尽可能大而非线性失真又尽可能小,静态工作点 Q 一般选在交流负载线的中点。

（2）温度对静态工作点的影响

前面讨论的基本放大电路，基极偏置电阻R_b及电源U_{cc}一经选定，其基极偏置电流$I_{bQ}=U_{cc}/R_b$也就固定了，这种电路又称固定偏置放大电路。其电路简单，元器件少，静态工作点也容易调整，但稳定性很差。

在外部因素（例如温度变化、晶体管老化、电源电压波动等）的影响下，将引起静态工作点的较大变动，其中影响最大的因素是温度变化。

温度升高将使反向漏电流I_{cbo}和$\bar{\beta}$增大，对于同样的I_b，输出特性曲线将上移，导致静态工作点上移，严重时晶体管将进入饱和区而失去放大能力。

4. 分压式偏置电路

固定偏置放大电路的Q点是不稳定的。为此需改进偏置放大电路，当温度升高I_c增加时，能够自动减小I_b，从而抑制Q点变化，分压式偏置电路是一种静态工作点比较稳定的放大电路，如图4-17所示。

电阻R_{b1}和R_{b2}构成偏置电路，使图4-17中的$I_1 \gg I_{bQ}$。

（1）静态基极电位V_b

基极电位 $V_b \approx I_1 \times R_{b1} \approx \dfrac{R_{b1}}{R_{b1}+R_{b2}} \times V_{cc}$

可见，基极电位V_b由V_{cc}经R_{b1}和R_{b2}分压所决定，不随温度而变。

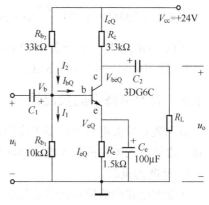

图4-17 分压式偏置电路

（2）静态集电极电流和发射极电流（I_{cQ}和I_{eQ}）

$$U_b = V_{beQ} + I_{eQ} \times R_e$$

若满足 $U_b \gg U_{beQ}$，则

$$I_{eQ} = \frac{V_b - V_{beQ}}{R_e} \approx \frac{V_b}{R_e} \approx I_{cQ}$$

由以上分析可见，只要满足$I_1 \gg I_{bQ}$和$V_b \gg V_{beQ}$这两个条件，则V_b、I_{cQ}和I_{eQ}与晶体管的参数（I_{cbo}、β及V_{be}）几乎无关，从而使静态工作点不受温度变化的影响。

但是上述两个条件中也不是I_1和V_b愈大愈好。一般可取$I_1 \geq (5 \sim 10) I_{bQ}$和$U_b \geq (5 \sim 10) U_{beQ}$。

稳定静态工作点的物理过程为

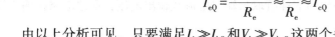

发射极电阻R_e的接入，虽然带来了稳定静态工作点的好处，但发射极电流的交流分量流过R_e，会产生交流压降，使u_{be}减小，这将使放大电路的电压放大倍数下降。可在R_e两端并联一个较大容量的电容器C_e，由于C_e对交流可视为短路，从而避免了电压放大倍数的下降，但对直流分量并无影响，故C_e称为发射极交流旁路电容，其容量一般为几十微法到几百微法。

【例4-3】 如图4-17所示的分压式偏置电路，试求静态值、输入电阻及输出电阻。设晶体管$\beta=50$。

解：因为分压式偏置电路满足$I_{bQ} \ll I_1$，$V_{beQ} \ll V_b$，

1) 基极电位 $V_b \approx V_{cc} \dfrac{R_{b1}}{R_{b1}+R_{b1}} = 24 \times \dfrac{10}{10+33} \text{V} = 5.6 \text{ V}$

$$I_{eQ} = \dfrac{V_b - V_{be}}{R_E} \approx \dfrac{V_b}{R_e} = \dfrac{5.6}{1.5} \text{mA} = 3.7 \text{ mA} \approx I_{cQ}$$

$$I_{bQ} = \dfrac{I_{cQ}}{\beta} = \dfrac{3.7}{50} \text{mA} = 74 \text{ μA}$$

$$V_{ceQ} \approx V_{cc} - I_{cQ}(R_c + R_e) = 24 \text{ V} - 3.7 \text{ mA} \times (3.3 \text{ kΩ} + 1.5 \text{ kΩ}) = 6.24 \text{ V}$$

2) 输入电阻 $r_i = R_{b1} /\!/ R_{b2} /\!/ r_{be}$

因为 $r_{be} = 300 \text{ Ω} + (1+50)\dfrac{26}{3.7} \text{Ω} \approx 300 \text{ Ω} + 358 \text{ Ω} = 658 \text{ Ω}$

所以 $r_i = R_{b1} \| R_{b2} \| r_{be} = 3.3 \text{ kΩ} \| 1.5 \text{ kΩ} \| 658 \text{ Ω} \approx 400 \text{ Ω}$

3) 输出电阻 $r_o \approx R_c = 3.3 \text{ kΩ}$。

4.2.3 放大电路中的负反馈

负反馈对放大电路的许多工作性能都有很大影响，它可以提高放大电路的稳定性、减小失真、改变放大电路的输入电阻和输出电阻等。因此负反馈在放大电路中得到广泛的应用。

1. 反馈的概念

在放大电路中的信号传输是从输入端到输出端，这个方向称为正向传输。反馈就是将放大电路的输出量（电压或电流）的一部分或全部，通过某种电路（反馈电路）送回到放大电路的输入端；反馈信号是反向传输。若反馈到输入端的信号削弱了外加的输入信号，使净输入信号减小，则为负反馈；反之，使净输入信号得到增强的是正反馈。这里仅介绍负反馈的基础知识。

2. 负反馈的类型及判别

在负反馈放大电路中，反馈信号的取样有取自输出电流或输出电压，反馈电路在输入端的连接有串联和并联。

根据输出端的信号取样和输入端的连接方式，反馈放大电路有四种基本类型：电压串联负反馈；电压并联负反馈；电流串联负反馈；电流并联负反馈。

当取样对象的输出量一旦消失（$u_o=0$ 或 $i_o=0$），则反馈信号也随之消失。因此可假设将输出端短路造成反馈信号为零的情况称之为电压反馈，如果反馈依然存在，则为电流反馈。

在图 4-18a 所示的电路中，如果把负载短路，则 u_o 为零，这时反馈电压就不存在了，则为电压反馈。而图 4-18b 所示电路中，若将负载 R_L 短路，反馈电压 u_f 仍然存在，故为电流反馈。

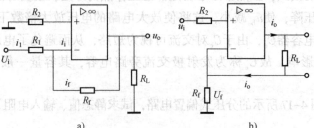

图 4-18　电压反馈及电流反馈的判断

串联反馈时反馈信号是以电压形式加到输入端的,并联反馈时反馈信号是以电流形式加到输入端的。

例如图 4-19 所示电路,反馈信号 u_f 与输入信号 u_i 在输入回路中彼此串联,故为串联反馈。

又如图 4-18a 所示电路的输入端,净输入电流 $i_i = i_1 - i_f$ 故为并联反馈。

负反馈电路的特点可归纳为表 4-3。

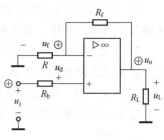

图 4-19 串联反馈电路图

表 4-3 4 种负反馈连接形式的特点

负反馈的连接形式		使哪个输出量稳定	输入电阻	输出电阻
反馈信号取自哪个输出量	输入端怎么连接			
电压	串联	u_o	提高	减小
电流	串联	i_o	提高	提高(或近似不变)
电压	并联	u_o	减小	减小
电流	并联	i_o	减小	提高(或近似不变)

3. 负反馈对放大电路性能的影响

1) 降低放大倍数。

负反馈的引入虽然使放大倍数下降了,但是对改善放大电路的其他工作性能却有益处。

2) 提高了放大倍数的稳定性。

3) 改善波形失真。

4) 展宽通频带。

5) 对放大电路输入电阻的影响。

如果反馈信号与输入信号是串联连接,则输入电阻增大;反馈信号与输入信号是并联连接,则输入电阻减小。

6) 对放大电路输出电阻的影响。

如果取样是电压信号,则输出电阻减小;若取样是电流信号,则使输出电阻增大。

4.2.4 功率放大电路

前面所讲的电压放大电路,它的主要任务是不失真地放大电压信号,但它的输出电流较小,使得输出功率较小,从而不能推动大负载工作。

因此电压放大电路的最后端通常要加一级功率放大电路。电压放大电路要求输出足够大的电压,而功率放大电路主要输出最大的功率;前者是工作在输入小信号状态,而后者工作在输入大信号状态。这就使得功率放大电路有一些自身的特点。

1. 功率放大电路的特点和分类

(1) 功率放大电路的特点

1) 功率放大管在工作中要尽可能提供最大输出电压和最大输出电流,因接近于极限状态下工作,其耗散功率大,集电结温高,因此需要对它采取散热措施。

2) 尽可能高的功率转换效率。功率放大电路是依靠功率放大管把电源供给的直流功率转换成交流输出功率，再输送给负载，因此不仅要求输出功率大，而且希望转换效率要高。

3) 非线性失真要小。由于功率放大管在大信号下工作，其非线性失真比电压放大电路大，故需采取措施减少失真。

(2) 功率放大电路的分类

功率放大电路按照其静态工作点设置的不同，分为甲类、乙类、甲乙类三种工作状态。

1) 甲类

放大电路的静态工作点设置在晶体管输出特性曲线放大区的中点，如图4-20a所示。在输入信号的整个周期内，静态电流I_c较大。当输入信号为零时，电源供给的功率全部消耗在管子和电阻上。电路的功率损耗较大，效率不高，理想情况下，效率也仅为50%，实际效率一般为30%左右。

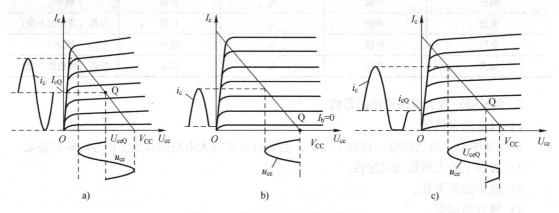

图4-20 放大电路的三种工作状态

2) 乙类

将静态工作点Q下移设在截止区，如图4-20b所示。这时管子只在输入信号的半个周期内导通，另半个周期处于截止状态，这种工作方式称为乙类工作状态。

在乙类状态下，功放管静态电流I_c几乎为零。当输入信号逐渐增大时，电源供给的直流功率也逐渐增加，输出信号功率也随之增大。显然其效率要比甲类的放大效率要高。

3) 甲乙类

将静态工作点Q设置在甲类与乙类之间且靠近截止区附近，即I_{CQ}稍大于零，此时管子在输入信号的半个周期以上的时间内导通，称此为甲乙类工作状态。这时晶体管的工作状态接近于乙类工作状态。这种电路的效率略低于乙类放大，但它克服了乙类放大所产生的主要失真。所以实际功率放大器绝大多数工作在甲乙类状态，如图4-20c所示。

2. 互补对称功率放大电路

互补对称功率放大电路是利用特性对称的NPN型和PNP型晶体管在信号的正、负半周轮流工作，互相补充，以此完成整个信号的功率放大。它一般工作在甲乙类状态。

互补对称电路是集成功率放大电路输出级的基本形式。当它通过容量较大的电容与负载耦合时，由于省去了变压器而被称为无输出变压器电路，也叫单电源互补对称电路简称OTL电路。若它直接与负载相连，输出电容也省去，被称为无输出电容电路，也叫双电源互补对称放大电路简称 OCL 电路。

（1）单电源互补对称放大电路（OTL）

图 4-21 所示为单电源互补对称放大电路原理图。图中，VT_1（NPN）和 VT_2（PNP）是两类不同类型的晶体管，两管的特性对称。在静态时，设工作在乙类，两管都处于截止状态，仅有很小的穿透电流 I_{ceo} 通过。由于 VT_1 和 VT_2 的特性对称，所以中点电位 $V_A = \dfrac{V_{CC}}{2}$，电容 C_L 两端电压，即为 A 点和"地"之间的电位差，也等于 $\dfrac{V_{CC}}{2}$。

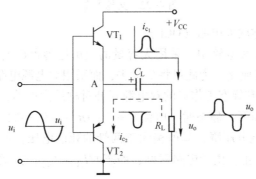

图 4-21 单电源互补对称放大电路

如果有信号输入，则对交流信号而言，电容 C_L 的容抗及电源内阻均甚小，可略去不计。在输入信号 u_i 正半周，晶体管 VT_1 导通，VT_2 截止。i_{c1}（如图 4-21 中实线所示）流过负载 R_L 形成正半周的输出电压 u_o。在 u_i 负半周，VT_1 截止，VT_2 导通，电流 i_{c2}（如图 4-21 中虚线所示）在 R_L 上形成负半周的输出电压 u_o。由图 4-21 中可见，当 VT_1 导通时，电源 V_{CC} 对电容 C_L 充电，其上电压为 $\dfrac{VT_{cc}}{2}$；当 VT_2 导通时，C_L 代替电源 V_{CC} 向 VT_2 供电，C_L 要放电。但是为了要使输出波形对称，即 $i_{c1} = i_{c2}$（大小相等，方向相反），必须保持 C_L 上的电压为 $\dfrac{V_{CC}}{2}$。在 C_L 放电过程中，其电压不能下降过多，因此 C_L 的容量必须足够大。

单电源电路有如下特点：第一，它由不同类型的两个晶体管 VT_1（NPN）和 VT_2（PNP）组成，且两管参数对称，在外加输入信号作用下，两管轮流导通，互补供给负载电流，故称互补对称功率放大电路。第二，互补对称电路连成射极输出方式，具有输入电阻高和输出电阻低的特点，因而解决了阻抗匹配的问题，使低阻负载（如扬声器）可以直接接到放大电路的输出端。

但它存在失真的缺点。因为晶体管的输入特性有一段死区，如果输入信号幅度比较小，在起始阶段 i_{b1} 基本为零，直到 u_{be1} 超过死区电压后管子的电流才迅速增加，因此 i_b 的波形为一个下半部增长较慢的钟形波，如图 4-22 所示。这样，就造成了输出波形 u_o 也产生失真。由于这种失真是发生在两管互相交替工作的时刻，故称为交越失真。

互补对称放大电路的优点是线路较简单，效率较高，但需要两个不同类型而特性一致的晶体管配对，特别是大功率工作时的异型管配对比较困难。因此大功率的互补对称放大电路，通常采用复合晶体管（简称复合管）来组成。

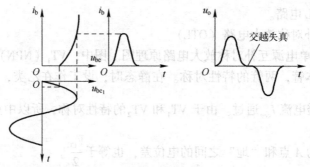

图 4-22 交越失真

(2) 双电源互补对称放大电路（OCL）

在单电源互补对称放大电路中，采用大容量的电解电容器C_L与负载耦合，这将会影响低频性能并且无法实现集成化，为此可将C_L除去，而采用双电源电路。

如图 4-23 所示为设有静态工作点的双电源互补对称放大电路，也称甲乙类互补功率放大电路。它的工作原理如下：静态时，电流自$+V_{cc} \rightarrow R_p \rightarrow VD_1 \rightarrow VD_2 \rightarrow R_L$流向$-V_{cc}$，这时在$B_1$点和$B_2$点之间有一直流电压降，其值稍大于两管的死区电压，这使电路工作于甲乙类状态，避免了交越失真的产生。由于电路对称，静态时$I_{c1Q}=I_{c2Q}$，负载R_L上无电流流过，两晶体管发射极电位$V_A=0$。

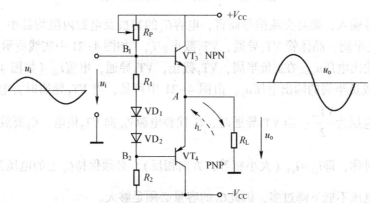

图 4-23 加有正偏压的双电源互补对称放大电路

动态时，当输入信号为正半周时，B_1点电位升高，VT_3管导通，VT_4管截止，形成如图 4-23 中实线箭头所示的电流。当输入信号负半周时，由于B_1点的电位降低，VT_4管导通，VT_3管截止，形成如图虚线箭头所示的电流i_L。这样，在输入信号一个周期内，负载上可获得一定的不失真功率。输出功率最大可达$\frac{1}{2} \times \frac{V_{cc}^2}{R_L}$。

【任务实施】

4.2.5 技能训练：单级放大电路的调整与测试

1. 训练任务

1) 按图完成单级放大电路的连线。

2）按要求完成单级放大电路中参数的测量与计算。

2. 训练目标

1）了解单极放大电路的组成。

2）掌握单极放大电路中各参数的作用及相互关系。

3. 仪表、仪器与设备

仪器、仪表及设备见表4-4。

表4-4　仪器、仪表及设备

序号	名称	型号与规格	数量	备注
1	示波器	COS-620型	1	
2	信号发生器	TKDDS-1型	1	
3	万用表	MF-500B型	1	
4	模拟电路实验箱	LM-A	1	

4. 训练要求

1）电路的连接及拆除应在断电的情况下。严禁带电操作。

2）对仪器和仪表等轻拿轻放。连接线等要理齐摆放。插拔连接线时不能拽拉导线部分。

3）发现异常情况要立即报告老师。

4）与本次训练无关的仪器仪表不要乱动。

5）训练结束要进行整理、清理等7S活动。

5. 任务实施步骤

（1）单级放大电路的连接

1）用万用表判断实验箱上晶体管的极性和好坏。

2）接通模拟实验箱电源，打开模拟实验箱电源开关。用万用表直流电压档测量模拟实验箱+12 V电源是否正常。若正常则关断实验箱电源开关。

3）按图4-24连接电路，将R_p的阻值调到最大位置。

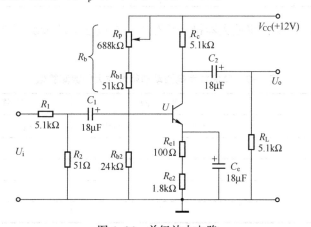

图4-24　单级放大电路

（2）静态调整

1）接线完毕后仔细检查，确定无误后接通电源。

2）调整R_p使$V_E=2.2V$。关断电源，用万用表测出此时的R_p值与R_{b1}值，将其相加后填入表4-5中R_p栏中。

3）再次接通电源，测量u_{BE}和u_{CE}并记入表4-5中。根据表中测量数据计算出I_B和I_C并将其记入表4-5中。

表4-5 单极放大电路静态参数值

测 量 值			据测量值计算	
U_{BE}/V	U_{CE}/V	R_b/kΩ	I_B/mA	I_C/mA

（3）动态分析

1）将信号发生器调到$f=1\,\text{kHz}$，幅值3mV，接到放大器输入端，用示波器观察输入端与输出端。

对v_i和v_o的波形比较两者相位，用示波器将测量的幅值记入表4-6中。

2）将信号发生器产生的信号幅值由3mV调至4mV，用示波器观察输入端与输出端u_i和u_o的波形并对其比较进行，用示波器将测量的幅值记入表4-6。

3）将信号发生器产生的信号幅值由4mV调至5mV，用示波器观察输入端与输出端u_i和u_o的波形并对其两者相位进行比较，用示波器将测量的幅值记入表4-6。

4）根据测量值计算出放大电路的电压放大倍数，并与估算值比较。

表4-6 单极放大电路动态空载放大倍数测算值

实 测		实测计算	估 算
u_i/mV	u_o/mV	A_V	A_V

5）保持$u_i=5\,\text{mV}$不变，将放大器接入负载R_L，在改变R_c的情况下进行表4-7中数值的测量记录与计算。

表4-7 单极放大电路动态带载放大倍数测算值

给定参数		实 测		实测计算	估 算
R_C	R_L	u_i/mV	v_o/mV	A_V	A_V

若失真或观察不明显可调u_i幅值。

6. 巡回指导要点

1）指导学生规范操作。

2）指导学生正确测量、读取测量数据。
7. 训练效果评价标准
1）按图完成单极放大电路的连接（10分）。
2）正确完成单极放大电路静态参数值的测量与计算（20分）。
3）正确完成单极放大电路动态空载参数值的测量与计算（20分）。
4）正确完成单极放大电路动态带载参数值的测量与计算（30分）。
5）训练过程中能文明操作（10分）。
（6）"7S"执行情况（10分）。
8. 分析与思考
对测算值与估算值进行一致性验证。若存在误差，请分析误差原因。

4.2.6 技能训练：负反馈放大电路的测试

1. 训练任务
1）利用示波器完成放大电路中负反馈开环与闭环、空载与带载四种情况下电路参数的测试。
2）利用示波器完成放大电路中负反馈开环与闭环、空载与带载四种情况下输出失真时输入、输出信号的测试。
2. 训练目标
1）掌握电子电路中信号的测试方法。
2）理解放大电路中负反馈的作用。
3. 仪表、仪器与设备
仪表、仪器与设备见表4-8。

表4-8 仪表、仪器与设备

序 号	名 称	型号与规格	数 量	备 注
1	示波器	COS-620型	1	
2	信号发生器	TKDDS-1型	1	
3	万用表	MF-500B型	1	
4	模拟电路实验箱	LM-A	1	

4. 训练要求
1）电路的连接及拆除应在断电的情况下。严禁带电操作。
2）对仪器和仪表等轻拿轻放。连接线等要理齐摆放。插拔连接线时不能拽拉导线部分。
3）发现异常情况要立即报告老师。
4）与本次训练无关的仪器仪表不要乱动。
5）实验结束要进行整理、清理等7S活动。
5. 任务实施步骤
（1）负反馈放大器开环测试
1）用模拟电路实验箱，按图4-25接线（图中R_f和R_L所在支路断开）。

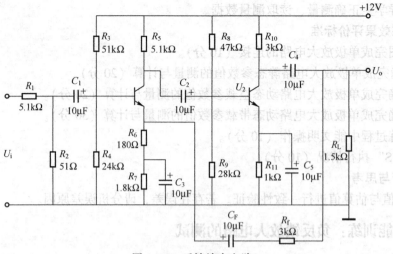

图4-25 反馈放大电路

2) 输入端接入 $v_i = 1\,\text{mV}$,$f = 1\,\text{kHz}$ 的正弦波（信号源为 100 mV，在实验箱上经 100∶1 衰减电阻降为 1 mV）。

3) 用示波器观察输入端与输出端 u_i 和 u_o 的波形比较两者相位，用示波器测量的幅值记入表 4-9。

4) 重复上述步骤，并将所测数据记入表 4-9 中（图中 R_f 所在支路断开）。

5) 根据实测值计算开环放大倍数。

(2) 负反馈放大器闭环测试

1) 按图 4-25 接线（R_f 支路接通，R_L 支路断开）。

2) 用示波器观察输入端与输出端 u_i 和 u_o 的波形，并比较两者相位，用示波器将测量的幅值记入表 4-7。

3) 重复上述步骤（R_f 及 R_L 支路均接通），将测量值记入表 4-9 中。

4) 根据测量值计算闭环放大倍数。

表 4-9 负反馈电路开环与闭环的输入、输出信号值

	$R_L/\text{k}\Omega$	u_i/mV	u_o/mV	A_V/A_{Vf}
开环	∞	1		
	1k5	1		
闭环	∞	1		
	1k5	1		

(3) 负反馈对失真的改善作用

1) 将图 4-25 所示电路开环（R_f 所在支路断开），逐步加大 u_i 的幅度。用示波器观察输出端 v_o 的波形，使输出信号出现失真（一出现就停止），在表 4-8 中记录此时的 u_i 及 u_o 失真波形幅度。

2) 将电路闭环（R_f 支路接通），并适当加大 u_i 幅度，用示波器观察输出端 u_o 的波形，使输出幅度接近开环时失真波形幅度。在表 4-8 中记录此时的 u_i 及 u_o 失真波形幅度。

3) 将图 4-25 所示电路开环（R_f 所在支路断开），R_L 支路断开，逐步加大 u_i 的幅度。用

示波器观察输出端u_o的波形，使输出信号出现失真（一出现就停止），在表4-10中记录此时的u_i及u_o失真波形的幅值。

4）将电路闭环（R_f支路接通），R_L支路断开，并适当加大u_i幅度，用示波器观察输出端u_o的波形，使输出幅值接近开环时失真波形幅值。在表4-10中记录此时的u_i及u_o（失真波形幅值）。

5）画出上述各步实验的波形图。

6）计算各种情况下的电压放大倍数。

表4-10 负反馈电路输入/输出信号值

	R_L/kΩ	u_i/mV	u_o/mV	A_V/A_{Vf}
开环	∞			
	1k5			
闭环	∞			
	1k5			

6. 巡回指导要点

1）指导学生规范操作。

2）指导学生正确选用元器件并按图连线。

3）指导学生正确测量、读取测量数据。

7. 训练效果评价标准

1）按图完成电路的连接（10分）。

2）正确完成放大电路负反馈开环空载与带载两种情况下电路的输入与输出信号测量，放大倍数的计算（15分）。

3）正确完成放大电路负反馈闭环空载与带载两种情况下电路的输入与输出信号测量，放大倍数的计算（15分）。

4）正确完成放大电路负反馈开环空载与带载输出时信息失真后两种情况下电路的输入与输出信号测量，放大倍数的计算（20分）。

5）正确完成放大电路负反馈闭环空载与带载输出时信息失真后两种情况下电路的输入与输出信号测量，放大倍数的计算（20分）。

6）训练过程中能文明操作（10分）。

7）"7S"执行情况（10分）。

8. 分析与思考

1）将实验值与理论值比较，分析误差原因。

2）根据实验内容总结负反馈对放大电路的影响。

任务4.3 集成运算放大器的分析与测试

【学习目标】

1）了解集成运算放大器电路的组成、各部分的作用及集成运算放大器的性能参数。

2）理解集成运算放大器的理想化条件，熟练掌握"虚短"和"虚断"的概念。

3) 会分析由集成运算放大器作为核心器件的集成运算放大器应用电路。

【任务布置】

1) 在实训室的电路板上正确连接集成运算放大器应用电路。
2) 运用测量仪器对集成运算放大器应用电路进行参数测试。

【任务分析】

通过多媒体资源讲解集成运算放大器的特点及各种集成运算放大器电路的结构知识；进行集成运算放大器电路的连接；进行集成运算放大器电路参数测量并掌握电路工作原理；根据测量数据进行输入、输出波形的绘制，比较并分析输入、输出的参数。

【知识链接】

4.3.1 集成运算放大器简介

1. 概述

集成电路（integrated circuit）是应用半导体制造工艺技术，将管子、电阻、导线制造在一块半导体芯片上的固体器件，具有体积小，重量轻，引出线和焊接点少，寿命长，可靠性高，性能好等优点，同时成本低，便于大规模生产，按功能可分为数字集成电路和模拟集成电路。使用集成电路应注意了解其外部特性、外形、引脚、主要参数以及外部电路的连接和测试资料等。

集成运算放大器作为最常用的一类模拟集成电路，广泛应用于测量技术、计算技术、自动控制及无线电通信等。图 4-26 是部分集成运算放大器的实物图。

图 4-26 部分集成运算放大器实物图

2. 集成运算放大器的组成

集成运算放大器实质上是一个具有高电压放大倍数的多级直接耦合放大电路，简称集成运放或运放。

集成运算放大器的类型很多，电路也各不相同，但从电路的总体结构上看，基本上都由输入级、中间放大级、功率输出级和偏置电路 4 个部分组成，如图 4-27 所示。

图 4-27 集成运算放大器的组成框图

(1) 输入级

输入级提供同相关系和反相关系的两个输入端，电路形式为差动放大电路，要求输入电阻高，目的是减小放大电路的零点漂移，是提高集成运算放大器质量的关键部分。

(2) 中间级

中间级主要完成对输入信号的放大，一般采用多级共射放大电路实现，使整个放大器具有足够高的电压放大倍数，能较好地改善基本放大器放大能力有限的不足。

(3) 输出级

输出级能提供较高的功率输出、较低的输出电阻，一般由互补对称电路或射极输出器构成。

(4) 偏置电路

偏置电路的作用是为上述电路提供合适的偏置电流，稳定各级的静态工作点，一般由各种恒流源电路组成。

4.3.2 集成运算放大器的符号、类型及主要参数

1. 集成运算放大器的电路符号

图 4-28 为集成运算放大器相应的引出端及电路符号。

集成运放共有 5 类引出端，其引脚的识别以缺口作为辨认标记（有部分以商标方向作标记），标记朝上，逆时针方向引脚依次为 1，2，3……以 μA741 为例，其引脚排列及封装形式如图 4-29 所示。

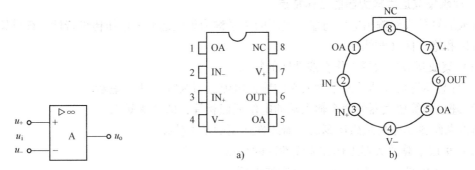

图 4-28 集成运算放大器的电路符号　　图 4-29 μA741 引脚排列及其封装形式

(1) 输入端

集成运放有同相输入、反相输入。通常用"+"表示同相输入端，即该输入端信号变化的极性与输出端相同；用"-"表示反相输入端，即该输入端信号变化的极性与输出端相反。它们的对地电压分别为 U_+、U_-。例如图 4-29 中的 3 脚和 2 脚。

(2) 输出端

即放大信号的输出端，通常对地电压为 U_o。例如图 4-29 中的 6 脚。

(3) 电源端

集成运算放大器为有源器件，工作时必须外接电源。一般有两个电源端，对双电源的运算放大器，其中一个为正电源端，另一个为负电源，例如图 4-29 中的 7 脚和 4 脚。对单电源的运算放大器，则一个接正电源，另一个接地。

(4) 调零端

一般有两个引出端，将其接到电位器的两个外端，而电位器的中心调节端接正电源或负电源端，例如图4-29中的1脚和5脚。有些集成运算放大器不设调零端，调零时需外加调零电路。

(5) 相位补偿（或校正）端

其引出端数目因型号不同而各异，一般为两个引出端。有些型号采用内部相位补偿，不设外部相位补偿端。

4.3.3 集成运算放大器的线性应用

1. 理想集成运算放大器的特性

集成运算放大器的应用极为广泛，理想集成运算放大器应具有如下特点：

1) 开环差模电压放大倍数趋近于无穷大。
2) 差模输入电阻趋近于无穷大。
3) 差模输出电阻趋近于零。
4) 共模抑制比趋近于无穷大。
5) 输入失调电压、输入失调电流及它们的漂移均为零。

由于集成电路制造技术的不断发展，集成运算放大器的性能不断提高，它已具有了理想运算放大器的1)~3)及抑制零点漂移的几个特点，因此在一般使用场合，集成运算放大器常被当作理想器件来处理，不会造成电路参数超差。

2. 理想集成运算放大器的工作特点

集成运算放大器输出电压与输入电压的关系称为集成运放的电压传输特性。该传输特性分为线性区和饱和区（非线性区）。

(1) 集成运算放大器工作在线性区的特点

1) 理想运算放大器的两个输入端的输入电流近似为零，即"虚断"。
2) 理想运算放大器的两个输入端的电位近似相等，即"虚短"。

这两条结论是分析理想运算放大器线性运用的基本依据。

(2) 集成运算放大器工作在非线性区的特点

1) 当$u_i>0$，即$u_+>u_-$时，$u_o=+U_{oM}$（饱和电压）。
2) 当$u_i<0$，即$u_+<u_-$时，$u_o=-U_{oM}$（饱和电压）。

3. 集成运算放大器的线性应用

当集成运算放大器外加负反馈使其闭环工作在线性区时，可构成各种运算电路等，以实现各种数学运算。

(1) 反相输入比例运算放大器电路

反相输入比例运算放大器电路如图4-30所示，R_f称为反馈电阻，R_1称为输入电阻，R_p为平衡电阻。为保证两个输入端子在直流状态下的平衡工作，常取$R_p=R_f \parallel R_i$。输入信号u_i由反相端加入。根据理想运算放大器在线性区的特点，可得$i_f=i_1$，$u_+=u_-\approx 0$。

即反相端电位接近于"地"电位，称为"虚地"。

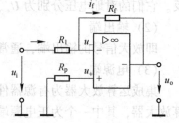

图4-30 反相输入比例运算放大器电路

故有 $i_1 = \dfrac{u_i}{R_1}, i_f = -\dfrac{u_o}{R_f}$。

由上两式可得
$$A_{uf} = \dfrac{u_o}{u_i} = -\dfrac{R_f}{R_1}$$

上式表明，输出电压u_o与输入电压u_i成比例关系，且相位相反（用负号表示），其放大倍数A_{uf}仅与外接电阻R_f及R_1有关，而与运算放大器本身无关。如果保证电阻阻值有较高的精度，则运算的精度和稳定性也很高。

当$R_f = R_1$时，则有$A_{uf} = 1$，即输出电压u_o与输入电压u_i数值相等、相位相反，这时运算放大器作一次变号运算，称之为反相器。

(2) 反相输入加法运算放大器电路

用运算放大器能方便地实现多信号的组合运算，如图4-31所示。有3个输入信号u_{i1}、u_{i2}、u_{i3}分别加到反相输入端，不难看出，这个电路实际上是对3个输入信号同时进行比例运算。根据"虚地"的概念，则有

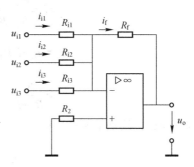

$$i_{i1} = \dfrac{u_{i1}}{r_{i1}}, i_{i2} = \dfrac{u_{i2}}{R_{i2}}$$

$$i_{i3} = \dfrac{u_{i3}}{R_{i3}}, i_f = -\dfrac{u_0}{R_f}$$

图4-31 反相输入加法运算放大器电路

由于
$$i_f = i_{i1} + i_{i2} + i_{i3}$$

则有
$$-\dfrac{u_o}{R_f} = \dfrac{u_{i1}}{R_{i1}} + \dfrac{u_{i2}}{R_{i2}} + \dfrac{u_{i3}}{R_{i3}}$$

得
$$u_o = -\left(\dfrac{R_f}{R_{i1}} \times u_{i1} + \dfrac{R_f}{R_{i2}} \times u_{i2} + \dfrac{R_f}{R_{i3}} \times u_{i3}\right)$$

当$R_{i1} = R_{i2} = R_{i3} = R_1$，则有 $u_o = -\dfrac{R_f}{R_1} \times (u_{i1} + u_{i2} + u_{i3})$。

若$R_1 = R_f$，则有 $u_o = -(u_{i1} + u_{i2} + u_{i3})$。

从而实现了加法运算。式中R_f与R_1之比值就是加法器的比例系数，它仅决定于外部电阻，与运算放大器内部参数无关。

(3) 同相输入比例运算放大器电路

如图4-32所示，输入信号u_i从同相输入端加入，反馈电阻R_f仍接在输出端和反相输入端之间。根据理想运算放大器的特点，有$u_- \approx u_+ = u_i$，

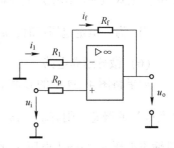

故
$$u_- = \dfrac{R_1}{R_1 + R_f} \times u_0 = u_i$$

所以
$$A_{uf} = \dfrac{u_o}{u_i} = \dfrac{R_1 + R_f}{R_1} = 1 + \dfrac{R_f}{R_1}$$

图4-32 同相输入比例运算放大器电路

或
$$u_o = \left(1 + \dfrac{R_f}{R_1}\right) \times u_i$$

97

可见，同相运算放大器的放大倍数也只与外接元件有关，而与运算放大器本身无关。且放大倍数总大于1或等于1，说明输出电压u_o与输入电压u_i相同。

若$R_1 \to \infty$（断路），$R_f = 0$，则有$u_o = u_i$，则说明输出电压跟随输入电压变化，称之为电压跟随器。

(4) 差分式减法运算电路

如图4-33所示，u_{i1}、u_{i2}分别经R_1和R_2加到集成运算放大器的两个输入端，为保持输入平衡，应使$R_1 = R_2$，$R_3 = R_f$。

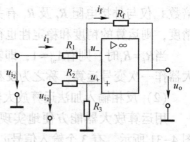

图4-33 差动减法运算电路

利用"虚地"的概念，即

$$i_1 = i_f = \frac{u_{i1} - u_o}{R_1 + R_f}$$

$$u_- = u_{i1} - i_1 R_1 = u_{i1} - \frac{u_{i1} - u_o}{R_1 + R_f} \times R_1$$

$$u_+ = \frac{u_{i2}}{R_2 + R_3} \times R_3$$

因$u_+ = u_-$，故从上两式可得

$$u_o = \left(1 + \frac{R_f}{R_1}\right) \times \frac{R_3}{R_2 + R_3} \times u_{i2} - \frac{R_f}{R_1} \times u_{i1}$$

当$R_1 = R_2$，$R_3 = R_f$，则上式为

$$u_o = \frac{R_f}{R_1}(u_{i2} - u_{i1})$$

可见，输出电压u_o与两个输入电压的差值成正比。比例系数也只与外接元件有关。

当$R_f = R_1$时，则有$u_o = u_{i2} - u_{i1}$。即实现了减法运算。但必须注意若电路中的电阻不对称，则上式不成立。

(5) 积分运算电路

若反相比例运算电路中，如果用电容C_f代替反馈电阻R_f，就构成积分运算电路，如图4-34所示。由于反相输入端为虚"地"，故$i_1 = i_f = \frac{u_i}{R_1}$，所以$u_o = -u_c = -\frac{1}{C_f}\int i_f dt = -\frac{1}{R_1 C_f}\int u_i dt$。上式表明输出电压$u_o$与输入电压$u_i$成积分关系，负号表示它们相位相反。

当u_i为一恒定电压U_i时，$u_o \approx -\frac{U_i}{R_1 C_f}t$，表明输出电压与时间$t$成线性关系。

(6) 微分运算电路

如果将图4-34中的C和R位置互换，就构成了微分运算电路，如图4-35所示。根据"虚地"的概念，则有$i_1 = i_f$，$u_- \approx 0$，$i_1 = C\frac{du_c}{dt} = C_1 \frac{du_i}{dt}$，$u_o = -i_f R_f = -i_1 R_f$，故$u_o = -R_f \times C_1 \frac{du_i}{dt}$。可见输出电压$u_o$与输入电压$u_i$的微分成正比。

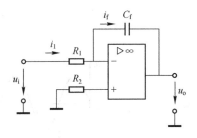
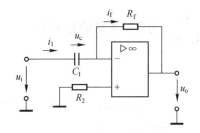

图 4-34 积分运算电路　　　　　　图 4-35 微分运算电路

4.3.4 集成运算放大电路的非线性应用

当集成运算放大器处于开环或外加正反馈使其工作在非线性区时,可构成各种电压比较器和矩形波发生器等,例如信号的处理、变换、产生等。

1. 电压比较器

电压比较器是常用的信号处理电路,它是用来对输入信号进行幅值鉴别和比较的电路,如图 4-36 所示,参考电压 U_R 加在同相输入端,输入信号 u_i 加在反相端;则输入信号将与参考电压相比较。根据理想运算放大器的特点,由图 4-36a 可知,当 $u_i<U_R$ 时,输出正饱和电压 $+U_{OM}$;当 $u_i>U_R$ 时,输出负饱和电压 $-U_{OM}$;图 4-36b 为传输特性。

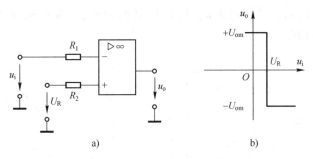

图 4-36 电压比较器

在传输特性上,通常将输出电压由某一种状态转换到另一种状态时对应的输入电压称为门限电压(或称阈值电压)。当 $U_R=0$ 时,参考电压为零,于是该电路成为过零比较器。其电路及传输特性如图 4-37a 和 b 所示,即当输入信号处于过零时刻,输出信号进行电平变换($+U_{OM}$ 或 $-U_{OM}$)。利用这种特性,可以进行波形变换,例如将输入的正弦波电压信号变换为矩形波电压,如图 4-38 所示。

2. 矩形波发生器

由图 4-39a 可见,矩形波发生器是在过零比较器上增加了一条 RC 负反馈网络,外加的输入电压被电容器充电电压所取代。VZ 为双向限幅稳压管。

根据过零比较的原理,输出电压的幅度被限制在其稳压值 $+U_Z$ 或 $-U_Z$ 之间。R_1 和 R_2 构成正反馈电路,R_Z 上的反馈电压 U_R 是由输出电压分压而得到的,即

$$U_R = \pm \frac{R_2}{R_1+R_2} U_Z$$

式中 $\dfrac{R_2}{(R_1+R_2)}$ 为反馈支路的分压比。

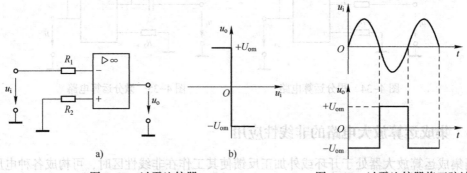

图 4-37 过零比较器   图 4-38 过零比较器将正弦波电压变换为矩形波电压

U_R 加在同相输入端，作为参考电压，u_c 与 U_R 相比较而决定输出 u_o 的极性。刚接通电源时，电容电压 $u_c=0$，运算放大器同相输入端因受干扰电压作用，使输出处于正饱和电压的稳压值 $u_o=+U_Z$（因正反馈很强），这时 u_o 通过 R_f 对电容 C 充电，当 u_c 增长到等于 U_R 时，电路翻转，u_o 则由 $+U_Z$ 变为 $-U_Z$，反馈电压 U_R 也变为负值，电容电压因通过 R_f 放电而下降；而后反充电，当充电到 $-U_R$ 时，输出电压 u_o 又由 $-U_Z$ 转换为 $+U_Z$。如此周而复始，在输出端便得到如图 4-39b 的矩形波。

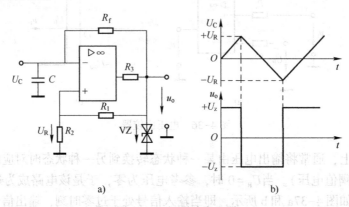

图 4-39 矩形波发生器

【任务实施】

4.3.5 技能训练：集成运算放大器应用电路

1. 训练任务

1) 完成集成运算放大器线性应用电路的连线。
2) 验证集成运算放大器线性应用电路中放大倍数。

2. 训练目标

1) 能应用电子电路的分析与计算方法。

2）能理解理想集成运算放大器线性区的特性。

3. 仪表、仪器与设备

仪表、仪器与设备见表4-11。

表4-11 仪表、仪器与设备

序 号	名 称	型号与规格	数 量	备 注
1	双踪示波器	COS620	1	
2	信号发生器	TKDDS-1	1	
3	万用表	MF47A	1	
4	集成运算放大器	HA741（日立公司）	1	
5	模拟电路实验箱		1	μA741

4. 训练要求

1）电路的连接及拆除应在断电的情况下。严禁带电操作。

2）对仪器和仪表等轻拿轻放。连接线等要理齐摆放。插拨连接线时不能拽拉导线部分。

3）发现异常情况要立即报告老师。

4）与本次训练无关的仪器仪表不要乱动。

5）训练结束要进行整理、清理等7S活动。

5. 任务实施步骤

（1）反相输入比例运算放大器电路

1）打开模拟电路实验箱及其电源开关。

2）按图4-30连接电路，其中集成运算放大器为μA741，$R_f = 100\ \text{k}\Omega$，$R_1 = R_p = 10\ \text{k}\Omega$。

3）用信号发生器生成幅值为0.1 V、频率为1 kHz的正弦波，作为U_i加至电路输入端。

4）打开示波器power电源开关，调焦点及亮度；调节开关为双踪测量；将旋钮置于AC档；将倍率按钮置为×1；将swap旋钮顺时针旋到底；使两根扫描线均布于示波器显示屏。

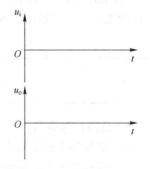

图4-40 反相输入比例运算放大器电路输入、输出波形图

5）用示波器同时测量u_i、u_o波形及相应的数值，填入表4-12；在图4-40中画出用示波器测出的两者波形，并比较它们的相位关系。计算出电压放大倍数A_u，并与理论值进行比较。

6）关闭所用设备电源。拆除所有连接线，并整理好物品。

表4-12 反相比例电路参数记录表

u_i/V	u_o/V	A_u（测量值）	A_u（理论值）

（2）同相输入比例运算放大器电路

1）打开模拟电路实验箱及其电源开关。

2）按图4-32连接电路，其中集成运算放大器为μA741，$R_f = 100\ \text{k}\Omega$，$R_1 = R_p = 10\ \text{k}\Omega$。

3) 用信号发生器生成幅值为 0.1 V、频率为 1 kHz 的正弦波,作为u_i并将其加至电路输入端。

4) 打开示波器 power 电源开关,调焦点及亮度;调节开关为双踪测量;将旋钮置于 AC 档;将倍率按钮置为×1;将 swap 旋钮顺时针旋到底;使两根扫描线均布于示波器显示屏。

5) 用示波器同时测量u_i、u_o波形及相应的数值,将数值填入表 4-13;在图 4-41 中画出两者的波形,并比较它们的相位关系。计算出电压放大倍数A_u,并与理论值进行比较。

6) 关闭所用设备电源。拆除所有连接线,并整理好物品。

表 4-13 同相比例电路参数记录表

u_i/V	u_o/V	A_u(测量值)	A_u(理论值)

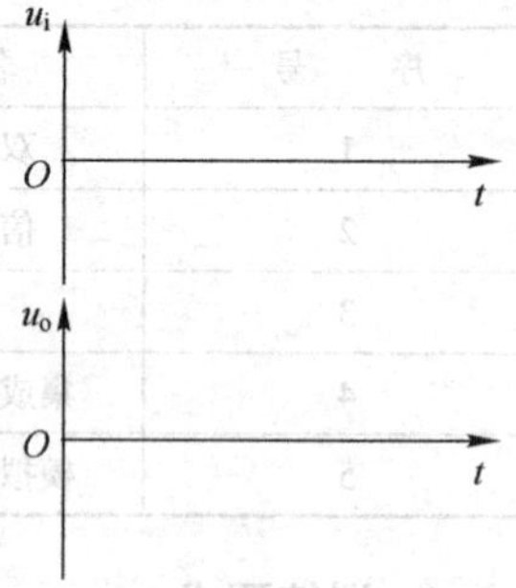

图 4-41 同相输入比例运算放大器电路输入输出波形图

(3) 反相输入加法运算放大器电路
1) 打开模拟电路实验箱及其电源开关。

2) 按图 4-31 连接电路,其中集成运算放大器为 μA741,$R_1 = R_{i1} = R_{i2} = R_2 = 10\ \text{k}\Omega$,$R_{i3}$ 断开,共两路输入信号。

3) 调节模拟电路实验箱上的双路直流稳压电源,令 $U_{i1} = 2\text{V}$,$U_{i2} = 3\text{V}$,将其接入图 4-31 电路中,并将其输入端作为信号输入端,用万用表直流电压档测量输出电压U_o,并与理论值比较,将数值填入表 4-14。

表 4-14 反相加法电路参数记录表

U_{i1}/V	U_{i2}/V	U_o(测量值)	U_o(理论值)

6. 巡回指导要点
1) 指导学生规范操作。
2) 指导学生正确选用元器件并按图连线。
3) 指导学生正确测量、读取测量数据。

7. 训练效果评价标准
1) 按图完成电路的连接(15 分)。
2) 完成集成运算放大器三种线性应用电路的测量与计算(65 分)。
3) 训练过程中能文明操作(10 分)。
4) "7S" 执行情况(10 分)。

8. 分析与思考
1) 将实验值与理论值比较,分析误差原因。
2) 根据实验内容总结运算电路的特点和性能。

9. 思考题
如何判别集成运算放大器质量的好坏?

项目 5 加法计算器电路的分析与设计

【项目描述】

数字电路是用来传输和处理数字信号的电路，广泛用于数字通信、计算机、数字电视、自动控制、智能仪器仪表及航空航天等技术领域，并将日益深入到我们日常生活中。

能够实现各种基本逻辑关系的电路称为门电路，它是构成数字电路的基本逻辑单元。组合逻辑电路是指在任何时刻的输出状态仅仅取决于该时刻的输入状态，而与该时刻前的电路状态无关的逻辑电路。常用的中规模组合逻辑电路有编码器、译码器、数据选择器、加法器等，它们不仅是计算机中的基本逻辑部件，而且也常常应用于其他数字系统中。因此对于从事电子与信息技术及其相关行业工程技术人员，应该具备集成门电路和组合逻辑电路的应用技能。

任务 5.1 认识数字电路

【学习目标】

1) 能熟练进行各种数制转换。
2) 能用逻辑函数表示任何一个逻辑问题。
3) 能进行逻辑函数的化简。

【任务布置】

1) 借助多媒体资源讲解数字电路的相关知识，使学生掌握数字电路的基本概念，学习逻辑函数的表示方法以及逻辑函数的化简技能。
2) 在电工实训室由教师进行数字电路实验箱使用的演示，让学生熟悉数字电路实验箱，了解数字实验箱的基本布局，了解各功能模块的作用，用数字电路实验箱进行简单的实验操作。

【任务分析】

数字电路的问题可分为逻辑分析和逻辑设计两类，数字电路的逻辑分析和逻辑设计的基本数学工具是逻辑代数，利用逻辑代数可以把实际逻辑问题抽象为逻辑函数来描述，并且可以用逻辑运算的方法，解决逻辑电路的分析和设计问题，逻辑函数的化简是数字电路分析和设计的基础，因此作为相关行业的从业人员，掌握必备的逻辑代数基础知识和基本技能显得十分重要。

【知识链接】

5.1.1 数制

数制就是计数的方法，它是进位计数制的简称，即按进位的原则进行计数。在实际应用中，常用的数制有十进制、二进制、八进制和十六进制。数制有三个要素：基、权、进制。
- 基：数码的个数。例如，十进制数的基为10。
- 权：数码所在位置表示数值的大小。例如，十进制每一位的权值为10^n。
- 进制：逢基进一。例如，十进制数是逢十进一。

日常生活中，十进制数最为常见。以1999为例，按位展开后为
$$1999=1\times10^3+9\times10^2+9\times10^1+9\times10^0$$
其中，1、9、9、9被称为数码，10^3、10^2、10^1、10^0分别被称为十进制数各位的权值，将每位数码与其对应权值的乘积称为加权系数，可见，十进制数的数值即为各位加权系数之和。

1. 二进制数

在数字电路和数字系统中，广泛采用二进制数。二进制数基数是2，它仅有0、1两个数码，各位数的位权为基数2的幂。在计数时低位和相邻高位之间的进位关系是"逢二进一"，借位关系是"借一当二"。表示时在二进制数后面加上字母B。例如，四位二进制数1101可以展开表示为
$$1101B=1\times2^3+1\times2^2+0\times2^1+1\times2^0$$
可以看出，二进制数每一位的权值分别是2^3，2^2，2^1，2^0。

2. 八进制数

八进制数的基数是8，它有0~7八个数码，计数规则是"逢八进一""借一当八"，各位的位权为基数8的幂。在表示时，八进制数后面加上字母O。例如，八进制数357可以展开表示为
$$357O=3\times8^2+5\times8^1+7\times8^0$$

3. 十六进制数

十六进制数的基数是16，它有0~9、A、B、C、D、E、F十六个数码，计数规则是"逢十六进一""借一当十六"，各位的位权为基数16的幂。在表示时，十六进制数后面加上字母H。例如，十六进制数2FC可以展开表示为
$$2FCH=2\times16^2+15\times16^1+12\times16^0$$

5.1.2 数制转换

数字系统和计算机中原始数据经常用八进制或十六进制书写，而在数字系统和计算机内部数据则是用二进制表示的，这样往往会遇到不同数制之间的转换。

1. 任意进制数转换成十进制数

任意进制数转换为十进制数的方法：按位权展开求和即得。例如
$$1101B=1\times2^3+1\times2^2+0\times2^1+1\times2^0=13$$
$$357O=3\times8^2+5\times8^1+7\times8^0=239$$
$$2FCH=2\times16^2+15\times16^1+12\times16^0=764$$

2. 十进制数转换为二进制数

十进制整数转换为二进制数的方法：采用"除2取余法"，即将十进制数连续除以基数2，依次取余数，直到商为0为止。第一个余数为二进制数的最低位，最后一个余数为最高位。

3. 二进制数和八进制数的转换

1) 二进制数转换为八进制数。采用"三位合一位"的方法，即将二进制数从最低位开始，依次向高位划分，每三位为一组（不够三位时，高位用 0 补齐三位），然后把每组三位二进制数用相应的一位八进制数表示。

2) 八进制数转换为二进制数。采用"一位分三位"的方法，即将每位八进制数化为三位二进制数。

4. 二进制数和十六进制数的转换

1) 二进制数转换为十六进制数。采用"四位合一位"的方法，即将二进制数从最低位开始，依次向高位划分，每四位为一组（不够四位时，高位用 0 补齐四位），然后把每组四位二进制数用相应的一位十六进制数表示。

2) 十六进制数转换为二进制数。采用"一位分四位"的方法，即将每位十六进制数化为四位二进制数。

5.1.3 编码

在数字系统中，二进制代码不仅可以表示数值的大小，而且也可以用来表示某些特定含义的信息。把用二进制代码表示某些特定含义信息的方法称为编码。

十进制码（0~9）是不能在数字电路中运行的，必须将其转换为二进制。用四位二进制码表示一位十进制码的编码方法称为二-十进制码，又称为 BCD 码（Binary Coded Decimal）码。常用 BCD 码的几种编码方式如表 5-1 所示。

表 5-1 常用 BCD 码的几种编码方式

十进制数	有 权 码				无 权 码		
	8421 码	5421 码	2421（A）码	2421（B）码	余 3 码	余 3 循环码	格雷码
0	0000	0000	0000	0000	0011	0010	0000
1	0001	0001	0001	0001	0100	0110	0001
2	0010	0010	0010	0010	0101	0111	0011
3	0011	0011	0011	0011	0110	0101	0010
4	0100	0100	0100	0100	0111	0100	0110
5	0101	1000	0101	1011	1000	1100	0111
6	0110	1001	0110	1100	1001	1101	0101
7	0111	1010	0111	1101	1010	1111	0100
8	1000	1011	1110	1110	1011	1110	1100
9	1001	1100	1111	1111	1100	1010	1101

8421 码是一种最基本的 BCD 码，应用较为普遍，它取四位二进制数的前十种组合即 0000~1001 分别表示十进制数 0~9，由于四位二进制数从高位到低位的位权分别为 8、4、2、1，故称为 8421 码，这种编码每一位的位权是固定不变的，属于有权码。

在数字系统中，为了防止代码在传送过程中产生错误，还有其他一些编码方法，如奇偶校验码、汉明码等。国际上还有一些专门处理字母、数字和字符的二进制代码如 ISO 码、ASCII 码等。

5.1.4 逻辑代数及其应用

逻辑代数是英国数学家乔治·布尔创立的，又被称为布尔代数。它是一种描述客观事物逻辑关系的数学方法，是分析和设计数字电路的基础和数学工具。

逻辑代数中的变量称为逻辑变量，用字母 A、B、C……表示。逻辑变量只有两种取值 0 和 1，0 和 1 并不表示数值的大小，而是表示两种不同的逻辑状态。例如，用 1 和 0 表示是和非、真和假、高和低、有和无、开和关等。因此逻辑代数所表示的是逻辑运算关系，不是数量关系。

1. 逻辑运算

（1）基本逻辑运算

基本逻辑运算有 3 种：与逻辑运算、或逻辑运算和非逻辑运算。

1）与逻辑运算。只有当决定一事件的所有条件都全部具备时，这一事件才会发生，这种逻辑关系被称为与逻辑运算关系，简称与逻辑。用来描述与逻辑关系的电路图如图 5-1 所示，图中 A、B、C 表示三个串联开关的逻辑变量，Y 表示灯的逻辑变量。显然，只有当三个开关都闭合时，灯才会亮，所以 Y 与 A、B、C 之间满足与逻辑关系。设定逻辑变量：将 A、B、C 称为输入逻辑变量，Y 称为输出逻辑变量。则与逻辑表达式为

$$Y = A \cdot B \cdot C \quad （其中 "\cdot" 可省略）$$

式中符号"·"表示与逻辑运算，又称逻辑乘。实现与逻辑的电路称为与门，与逻辑符号如图 5-2 所示，符号"&"表示与逻辑运算。

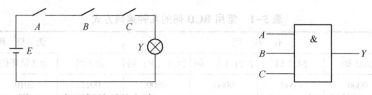

图 5-1　与逻辑关系的电路　　　　图 5-2　与逻辑符号

2）或逻辑运算。在决定一事件的各个条件中，只要有一个或一个以上条件具备时，事件才会发生，这种逻辑关系被称为或逻辑运算关系，简称或逻辑。用来描述或逻辑关系的电路图如图 5-3 所示，图中 A、B、C 表示三个并联开关的逻辑变量，Y 表示灯的逻辑变量。显然只有任一开关闭合时灯就会亮，所以 Y 与 A、B、C 之间满足或逻辑关系。设定逻辑变量：将 A、B、C 称为输入逻辑变量，Y 称为输出逻辑变量。则与逻辑表达式为

$$Y = A + B + C$$

式中符号"+"表示或逻辑运算，又称逻辑加。实现或逻辑的电路称为或门，或逻辑符号如图 5-4 所示，符号"≥1"表示或逻辑运算。

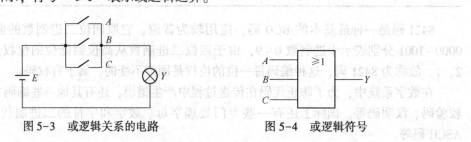

图 5-3　或逻辑关系的电路　　　　图 5-4　或逻辑符号

3) 非逻辑运算。一事件的条件具备事件不会发生，条件不具备事件反而发生，这种逻辑关系称为非逻辑运算关系，简称非逻辑。用来描述非逻辑关系的电路图如图 5-5 所示。显然，如果开关 A 闭合，灯 Y 不会亮，而开关 A 断开，灯 Y 就亮，所以 Y 与 A 之间满足非逻辑关系，非逻辑表达式为

$$Y=\bar{A}$$

式中符号"-"表示非逻辑运算，又称逻辑非、逻辑反。实现非逻辑的电路称为非门或反相器，非逻辑符号如图 5-6 所示，符号中用小圆圈"。"表示非，符号中"1"表示缓冲。

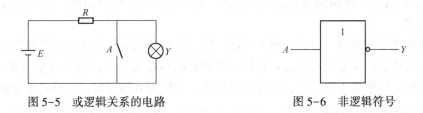

图 5-5 或逻辑关系的电路　　　　图 5-6 非逻辑符号

（2）组合逻辑运算

在实际问题中，事件的逻辑关系往往比单一的与、或、非要复杂很多，而任何复杂的逻辑关系都可用与、或、非三种基本逻辑关系组合而成。

2. 逻辑函数的表示

（1）逻辑函数

对于任何一个逻辑问题，如果把引起事件的条件作为输入逻辑变量，把事件的结果作为输出逻辑变量，则该问题的因果关系是一种函数关系，可用逻辑函数来描述。

一般地，若输入变量 A、B、C…的取值确定后，输出变量 Y 的值也被唯一确定，则称 Y 是 A、B、C、…的逻辑函数，记做：$Y=F(A,B,C,\cdots)$。

（2）逻辑函数的表示

同一个逻辑函数可以用逻辑真值表（简称真值表）、逻辑函数式和逻辑图等方法来表示。下面举一个实例来说明逻辑函数的建立过程以及它的表示方法。

图 5-7 所示为楼道照明的开关电路，两个单刀双掷开关分别安装在楼上和楼下。上楼时先在楼下开灯，上楼后再关灯；下楼先在楼上开灯，下楼后再关灯。设用输入变量 A、B 分别表示开关的工作状态，用 0 表示开关下拨，1 表示开关上拨；用输出变量 Y 表示灯 Y 的状态，以 0 表示灯灭，1 表示灯亮，则 Y 是开关变量 A、B 的逻辑函数，即 $Y=F(A,B)$。

1) 逻辑真值表。真值表是将输入变量所有取值组合和相应的输出函数值排列而成的表格。

真值表由两部分组成：左边一栏列出输入变量的所有取值组合。n 个输入变量共有 2^n 种不同变量取值，一般按二进制数递增的顺序列出。右边一栏列出相应的函数值。

真值表表示逻辑函数，能直观、明了地反映变量取值和逻辑函数值之间的关系。把一个实际逻辑问题抽象成数学问题时，使用真值表最方便。图 5-7 的真值表如表 5-2 所示。

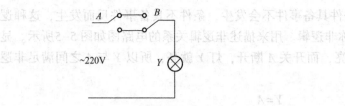

图 5-7 楼道照明开关电路

表 5-2 真值表

A	B	Y
0	0	1
0	1	0
1	0	0
1	1	1

2）逻辑函数式。逻辑函数式是用与、或、非等运算表示输出函数与输入变量之间逻辑关系的代数式。

逻辑函数式书写简洁、方便，便于利用逻辑函数的公式和定律进行运算和变换。

由真值表求逻辑函数式的方法：将每一组使输出函数值为 1 的输入变量写成一个与项。在这些与项中，取值为 1 的变量，则写成原变量，取值为 0 的变量，则写成反变量，将这些与项相加，就得到逻辑函数式。图 5-7 例中由真值表求得逻辑函数式为：$Y=AB+\overline{AB}$。

3）逻辑图。逻辑图是用逻辑符号表示逻辑函数中各变量之间的逻辑关系的电路图。

逻辑图中的逻辑符号与实际的电路器件有着明显的对应关系，所以逻辑图比较接近工程实际。

图 5-7 例中将函数式中的各逻辑运算用相应的逻辑符号代替，即可得到图 5-8 所示的逻辑图。

图 5-8 逻辑图

3. 逻辑函数的代数式化简

（1）逻辑代数的基本定律

逻辑代数的基本定律是化简和变换逻辑函数，它是分析和设计逻辑电路的基本工具。常用的基本定律如表 5-3 所示。

表 5-3 逻辑代数的基本定律

0-1 律	$0 \cdot 0 = 0$ $0 \cdot 1 = 0$ $1 \cdot 1 = 1$ $0 \cdot A = 0$ $1 \cdot A = A$	$0+0=0$ $0+1=1$ $1+1=1$ $0+A=A$ $1+A=1$	$\overline{0}=1$ $\overline{1}=0$
重叠律	$A \cdot A = A$	$A+A=A$	
互补律	$A \cdot \overline{A} = 0$	$A+\overline{A}=1$	
还原律	$\overline{\overline{A}}=A$		
交换律	$A \cdot B = B \cdot A$	$A+B=B+A$	
结合律	$A \cdot (B \cdot C) = (A \cdot B) \cdot C$	$A+(B+C)=(A+B)+C$	
分配律	$A(B+C)=AB+AC$	$A+BC=(A+B)(A+C)$	
反演律（摩根定律）	$\overline{AB}=\overline{A}+\overline{B}$	$\overline{A+B}=\overline{A} \cdot \overline{B}$	
吸收律	$A+AB=A$ $AB+\overline{A}C+BC=AB+\overline{A}C$	$AB+\overline{AB}=A$ $AB+\overline{A}C+BCD=AB+\overline{A}C$	$A+\overline{A}B=A+B$

表 5-3 中所列的基本定律可以证明而得到。

(2) 逻辑函数的代数法化简

同一逻辑函数其功能确定,但其表达式并不是唯一的。逻辑函数表达式主要有 5 种形式:

$$Y=AB+\overline{A}C \quad \text{(与或式)}$$

$$Y=(A+C)(\overline{A}+B) \quad \text{(或与式)}$$

$$Y=\overline{\overline{AB}\cdot\overline{\overline{A}C}} \quad \text{(与非-与非式)}$$

$$Y=\overline{\overline{A+C}+\overline{\overline{A}+B}} \quad \text{(或非-或非式)}$$

$$Y=\overline{\overline{AB}+\overline{\overline{A}C}} \quad \text{(与或非式)}$$

逻辑表达式越简单,实现的逻辑电路越简单,从而可以节约元器件,降低成本,提高系统的工作速度和可靠性。因此在设计逻辑电路时,化简逻辑函数是必要的。

与或表达式容易实现与其他形式的表达式相互变换,所以一般将逻辑函数化简成最简与或式。最简与或式的标准:一是与项个数最少;二是每个与项中的变量数最少。这样才能保证逻辑电路中所需门电路的个数以及门电路输入端的个数为最少。

逻辑函数代数法化简就是利用逻辑函数基本定律和公式对逻辑函数进行化简,又被称为公式化简法。常用的化简方法有并项法、吸收法、消去法和配项法。

【任务实施】

5.1.5 技能训练:数字电路实验箱的使用

1. 训练任务

掌握数字实验箱的基本布局,掌握各功能模块的作用。

2. 训练目标

1) 熟悉数字电路箱的基本构造;

2) 了解数字电路实验箱各功能模块的使用;

3) 能够利用数字电路实验箱完成一些简单的实验。

3. 仪表、仪器与设备

数字电路实验箱。

4. 相关知识

图 5-9 所示为 SG 型数字电路实验箱。图 5-10 为 SG 型数字电路实验箱的内部功能模块图。数字电路实验箱的各功能模块介绍如下:

(1) 模块 1——电源部分

该模块为数电实验提供直流电源,可提供+5 V 的固定直流电源和+1.25~+15 V 的可调直流电源。

(2) 模块 2——译码显示部分

该模块内部为 8421 译码器,在右侧插槽内插入共阴极数码管,接入逻辑电平即可驱动数码管显示相应字符。

(3) 模块3——LED指示灯部分

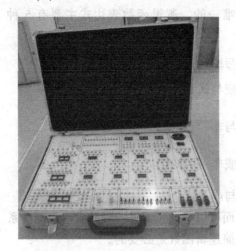

图5-9 SG型数字电路实验箱

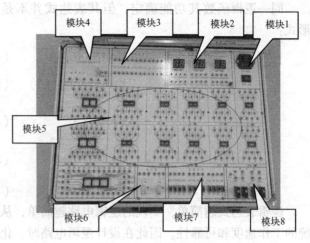

图5-10 SG型数字电路实验箱的内部功能模块图

该模块共有12个LED发光二极管，由高电平驱动LED发光。

(4) 模块4——时钟信号部分

该模块提供固定连续脉冲，可分别输出频率为1 Hz、10 Hz、100 Hz、1 kHz、10 kHz、100 kHz的连续脉冲信号。还提供调节旋钮调节的1~100 kHz的连续脉冲。

(5) 模块5——集成电路插槽部分

该模块可以接14、16、18、20、24、28引脚的普通集成电路，也可以接数码管电路。

(6) 模块6——电位器部分

该模块共有2个可调电位器，分别是4.7 kΩ和10 kΩ。

(7) 模块7——电平开关部分

该模块有12组电平开关，均可以输出高、低电平。

(8) 模块8——单脉冲输入部分

该模块由4个单脉冲端组成，单脉冲部分可由手动输出正脉冲和负脉冲。

5. 训练要求

1) 电源的正、负极不能接反，电压值不能超过规定范围；

2) 接线认真，特别注意电路的输出端切勿与电源线或地线短路；

3) 实验完毕经指导老师同意后，可关断电源并拔出电源插头，拆除连线并整理好再放入实验箱内。

6. 任务实施步骤

1) 结合模块3和模块7两部分电路，熟悉电平开关和LED指示灯的使用。

2) 结合模块4和模块8两部分电路，熟悉脉冲信号的使用。

3) 结合数字电路实验箱中的模块电路，自己设计一些简单实验，熟悉各个模块电路的功能及其使用。

7. 巡回指导要点

1) 指导学生熟悉实验箱；

2) 指导学生正确连线。
   8. 训练效果评价标准
1) 能熟练说出实验箱各个模块作用（50 分）。
2) 会接线（30 分）。

在以上的检测过程中，能够正确操作，不出现违规现象（20 分）。

任务 5.2　分析与设计逻辑门电路

【学习目标】

1) 能识别各种基本数字集成块。
2) 能在实训室的数字实验箱上测试基本数字集成块的功能。

【任务布置】

1) 借助多媒体资源讲解逻辑门电路的相关知识。
2) 在电工实训室进行逻辑门电路测量要领的演示。
3) 在电工实训室学习如何进行各种门电路的测量并掌握其工作原理。
4) 总结归纳测量结果。

【任务分析】

门电路是数字电路的基础，基本门电路包括与、或、非门，常用的复合逻辑门包括与非、或非、与或非、异或、同或门。

掌握门电路工作原理及相应的逻辑表达式，熟悉所用集成电路的引脚位置及各引脚的功能显得十分重要。

【知识链接】

5.2.1　TTL 三态门

集成门电路器件主要分两大类：TTL 和 CMOS 集成门电路。

TTL 三态门常用于计算机中的数据总线结构，实现数据单向分时传输、双向传输等。三态是指输出端除了输出高、低电平两种状态以外，输出端还可呈现高阻状态。如图 5-11 是 TTL 三态输出与非门的逻辑符号。图中 A、B 为输入端，$\overline{E}$ 为控制端或使能端（低电平有效），Y 为输出端。当 $\overline{E}=0$ 时，$Y=\overline{A \cdot B}$，电路处于正常工作状态，输出取决于输入，与普通 TTL 与非门一样；当 $\overline{E}=1$ 时，$Y=Z$（高阻状态），输出端 Y 是悬空（开路）的。

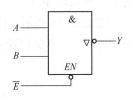

图 5-11　三态输出与非门逻辑符号

下面介绍三态门常见的一些应用。

1) 用作多路开关。用两个反相输入信号控制两个三态门的控制端，如图 5-12a 所示。

$\overline{E}=0$ 时，门 G_1 传送信号 A，门 G_2 为高阻输出，$Y=\overline{A}$；$\overline{E}=1$ 时，门 G_1 为高阻输出，门 G_1 传送信号 B，$Y=\overline{B}$。

2) 用作双向传输的总线接收器。电路如图 5-12b 所示。$\overline{E}=0$ 时，门 G_1 传输，门 G_2 被禁止，信号由 A 传到 B；$\overline{E}=1$ 时，门 G_1 被禁止，门 G_2 传输，信号由 B 传到 A。

3) 用作多路信号分时传递。电路如图 5-12c 所示。只要 $\overline{E_1}$，$\overline{E_2}$，…，$\overline{E_n}$ 为顺序出现的低电平信号，则一条总线可分时传递 A、B、C、…、N 多路信号。这种电路在计算机中已普遍被采用。

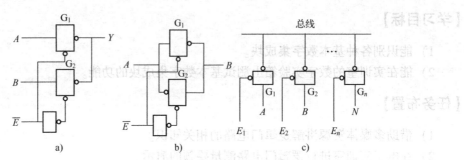

图 5-12　TTL 三态门的应用
a) 二路开关　b) 双向传输　c) 多路信号分时传递

5.2.2　CMOS 传输门电路

CMOS 传输门是一种传输模拟信号的压控开关。如图 5-13 是 CMOS 传输门的逻辑符号，U_i 为输入端，U_o 为输出端，C 和 $\overline{C}$ 为互补的控制信号。

当 $C=0$，$\overline{C}=1$ 时，输入 U_i，U_i 和输出 U_o 之间呈高阻态而关断，传输门截止，关断电阻约为 $10^9\Omega$ 以上。当 $C=1$，$\overline{C}=0$ 时，U_i 与 U_o 之间呈低阻状态，传输门导通，$U_o=U_i$，导通电阻约为几百欧姆。

由于 CMOS 传输门截止时关断电阻约为 $10^9\Omega$ 以上，导通时电阻约为几百欧姆，因此 CMOS 传输门很接近理想开关状态。同时 CMOS 传输门输入端 U_i 与输出端 U_o 可以互换使用，它是一种双向器件。

如图 5-14 所示，CMOS 传输门与反相器连接组成一个模拟开关。当 $C=1$ 时，传输门导通，$U_o=U_i$，开关接通；当 $C=0$ 时，传输门截止，U_o 与 U_i 之间开路，开关关断。

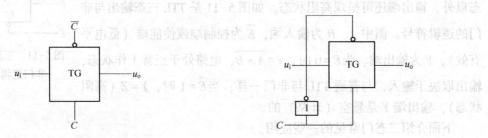

图 5-13　CMOS 传输门逻辑符号　　图 5-14　CMOS 传输门与反相器构成一个模拟开关

5.2.3 集成门电路的使用与连接

在实际使用集成门电路时，除了需要了解所使用门电路的性能外，还要掌握它们的正确使用方法，以及 TTL 集成电路和 CMOS 集成电路连接时要注意的几个问题。

1. 多余输入端的处理

为了防止外界干扰信号的影响，门电路的多余输入端一般不要悬空。处理的方法应保证电路的逻辑关系，并使其正常而稳定地工作。

TTL 门电路中虽然输入端悬空相当于高电平，但在实际的数字系统中，多余的输入端悬空容易引入干扰信号，造成工作的不稳定。因此多余的输入端应根据逻辑功能的要求接适当的逻辑电平。TTL 与门、与非门的多余输入端应接高电平，具体方法是直接接正电源或者通过一个限流电阻接正电源；或门、或非门的多余输入端应接低电平；在工作速度不快、信号源驱动能力较强时，多余的输入端也可以和使用端并联使用。

CMOS 门电路中多余输入端绝不允许悬空，而应根据逻辑功能的要求接正电源$+V_{DD}$或接地，否则会使输出状态不稳定。

2. 输出端的使用

除了三态门和集电极开路门之外，一般逻辑门的输出端不允许并联使用，也不要直接与正电源或地相连接，否则会使电路产生逻辑混乱，甚至会因电流过大而烧坏器件。但输出端可以通过电阻与电源相连使 TTL 门电路输出高电平。

TTL 和 CMOS 门电路输出端接负载的大小应满足负载电流I_L不大于门电路输出电流I_{OL}和$|I_{OH}|$。

5.2.4 TTL 和 CMOS 接口电路

在实际使用中经常会碰到 TTL 和 CMOS 两种器件相互连接的问题，而不同逻辑系列的器件其负载能力、电源电压（如 TTL 门电路中$V_{CC}=+5\text{ V}$，CMOS 中$V_{DD}=3\sim18\text{ V}$）及逻辑电平各异，因此它们两者混合使用、相互连接时必须保证逻辑电平及驱动能力的适配。因此应在两种不同逻辑系列门电路之间插入接口电路。

1) TTL 门电路驱动 CMOS 门电路。在电源电压$V_{CC}=V_{DD}=5\text{ V}$时，TTL 门电路可以直接驱动 CMOS 门电路，但为确保工作可靠，常在 TTL 输出端与 CMOS 输入端的连接点处，与电源之间接入一个几千欧的电阻。

如果$V_{DD}=3\sim18\text{ V}$，特别是$V_{CC}>V_{DD}$时，常将 TTL 门电路改用集电极开路门或采用具有电平移动功能的 CMOS 门电路作接口电路，来完成 TTL 门对 CMOS 门的驱动功能。

2) CMOS 门电路驱动 TTL 门电路。在$V_{CC}=V_{DD}=5\text{ V}$时，CMOS 门电路可直接驱动 TTL 门电路，但由于 CMOS 门电路带负载能力有限，因此被当作驱动门较多时，可采用下列几种方法：

- 同一芯片上的 CMOS 门并联使用；
- 增加一级 CMOS 驱动器；
- 采用晶体管驱动。

当$V_{DD}=3\sim18\text{ V}$时，采用 CMOS 缓冲器作接口电路。

【任务实施】

5.2.5 技能训练：门电路逻辑功能测试

1. 训练任务

通过对常用门电路逻辑功能的测试，掌握门电路工作原理及相应的逻辑表达式，熟悉所用集成电路的引脚位置及各引脚的功能。

2. 训练目标

1）熟悉门电路的逻辑功能；
2）掌握数字电路实验箱及示波器的使用方法；
3）掌握门电路逻辑功能的检测。

3. 仪表、仪器与设备

数字电路实验箱、74LS00 二输入端四与非门、74LS04 六反相器、74LS20 四输入端双与非门。

4. 相关知识及操作

1）常用逻辑门电路的符号。

常用逻辑门电路的符号见图 5-15。

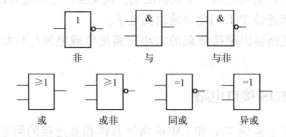

图 5-15 常用逻辑门电路符号

2）常用复合逻辑门的表达式及逻辑功能。

常用复合逻辑门的表达式及逻辑功能见表 5-4。

表 5-4 常用复合逻辑门的表达式及逻辑功能

名称	与非门	或非门	与或非门	异或门	同或门
逻辑表达式	$P=\overline{AB}$	$P=\overline{A+B}$	$P=\overline{AB+CD}$	$P=A\oplus B$ $=\overline{A}B+A\overline{B}$	$P=\overline{A\oplus B}$ $=AB+\overline{A}\overline{B}$
逻辑口诀	有0得1 全1得0	全0得1 有1得0	先与再或后非	相异得1 相同得0	相同得1 相异得0

3）门电路逻辑功能测试

① 选用四输入的双与非门 74LS20 一只，插入实验箱，按图 5-16 接线，输入端接 $S_1 \sim S_4$（电平开关的输入插口），输出端接电平显示的发光二极管（$D_1 \sim D_4$ 任意一个）。

② 将电平开关按表 5-5 置位，分别测输出的逻辑状态及电压。

表 5-5 测量结果

输入					输出
S_1	S_2	S_3	S_4	D	电压/V
1	1	1	1		
0	1	1	1		
0	0	1	1		
0	0	0	1		
0	0	0	0		

5. 训练要求

1) 电源的正、负极不能接反，电压值不能超过规定范围；

2) 接线认真，特别注意电路的输出端切勿与电源线或地线短路；

3) 应注意元器件有无发烫、异味、冒烟，若发现应立即关断电源，保持现场并报告老师。找出原因，排除故障，经指导老师同意后再继续训练；

4) 训练过程中，需要改动接线时，应先关断电源后才能拆、接连线；

5) 训练完毕且经指导老师同意后，可关断电源并拔出电源插头，拆除连线并整理好放入实验箱内。

6. 任务实施步骤

1) 测试门电路的逻辑功能。

2) 列出逻辑电路的关系。

① 用 74LS00 按图 5-17 接线。

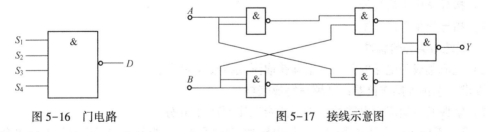

图 5-16 门电路　　　　图 5-17 接线示意图

② 将输入与输出的逻辑关系分别填入表 5-6 中。

表 5-6 输入与输出关系

输入		输出
A	B	Y
0	0	
0	1	
1	0	
1	1	

③ 根据图 5-17，列出 Y 与 A、B 关系的表达式，并与表 5-6 对比。

3) 用与非门组成其他门电路并测试和验证。

① 组成或非门

用一片 74LS00 组成或非门 $Y=\overline{A+B}=\overline{A}\cdot\overline{B}$，画出电路图，测试并填表 5-7。

表 5-7 测试结果

输	入	输 出
A	B	Y
0	0	
0	1	
1	0	
1	1	

② 组成异或门。

将异或门表达式转化为非门表达式，画出逻辑电路图，测试并填表 5-8。

表 5-8 测试结果

输	入	输 出
A	B	Y
0	0	
0	1	
1	0	
1	1	

7. 巡回指导要点

1) 指导学生正确连线；
2) 指导学生正确测试。

8. 训练效果评价标准

1) 完成集成门电路的测试，正确获取测试结果（50 分）。

要求：①正确操作仪器；②填写完成表格。

2) 掌握基本集成门电路的引脚功能及工作原理（30 分）。

要求：①能正确表达所测试集成门电路的工作原理；②能灵活应用集成门电路组合所需门电路。

在以上的检测过程中，能够正确操作，不出现违规现象，不损坏仪器（20 分）。

9. 思考题

1) 怎样判断门电路逻辑功能是否正常。
2) 记住一些常用集成门电路的代号及引脚接线图。

任务 5.3　组合逻辑电路的分析与设计

【学习目标】

1) 能在实训室的数字实验箱上测试基本组合逻辑电路的功能。

2) 能设计并测试加法运算组合逻辑电路。

【任务布置】

1) 借助多媒体资源讲解各种组合逻辑电路设计方法。
2) 在电工实训室进行组合逻辑电路测量要领演示。
3) 在电工实训室学习如何进行各种组合逻辑电路的测量并掌握其工作原理。
4) 总结和归纳测量结果。

【任务分析】

对组合逻辑电路的分析就是根据给定的组合逻辑电路图,找出输出信号与输入信号之间的逻辑关系,从而判断出电路的逻辑功能。组合逻辑电路的设计就是根据实际问题的逻辑功能要求,求出能实现该逻辑功能的简单而可靠的逻辑电路。

通过该任务的学习,能掌握小规模和中规模组合逻辑电路的设计方法,并能识读组合逻辑器件的引脚图和逻辑功能表,会分析和测试组合逻辑器件的逻辑功能。

【知识链接】

5.3.1 加法器

加法器是用来进行二进制数加法运算的组合逻辑电路,是数字计算机中不可缺少的基本部件之一。

1. 半加器

两个一位二进制数的加法运算可用表5-9表示,其中 A 和 B 是相加的两个数,S 是和数,C 是进位。由于这种加法运算只考虑了两个加数本身,而没有考虑低位送来的进位数,故称为半加。

表5-9 半加器的逻辑状态表

A	B	C	S
0	0	0	0
0	1	0	1
1	0	0	1
1	1	1	0

由逻辑状态表可得逻辑表达式:$C=AB$,$S=\bar{A}B+A\bar{B}$。

因为半加和 $S=\bar{A}B+A\bar{B}$ 是异或逻辑关系,进位 $C=AB$ 是与逻辑关系。所以可用异或门和与门组成半加器,如图5-18a所示。图5-18b是半加器的图形符号。

2. 全加器

全加器能进行加数、被加数和进位数相加,并

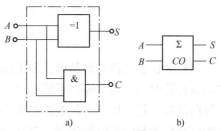

图5-18 半加器的逻辑图及图形符号

根据求和结果给出相应的和以及该位的进位数。表5-10是全加器的状态表，其中A_i和B_i是相加的两个数，C_{i-1}是相邻低位来的进位数，S_i是本位和数，C_i是进位数。全加器可用两个半加器和一个或门组成，如图5-19a所示。图5-19b是全加器的图形符号。

表5-10 全加器的逻辑状态表

A_i	B_i	C_{i-1}	C_i	S_i
0	0	0	0	0
0	0	1	0	1
0	1	0	0	1
0	1	1	1	0
1	0	0	0	1
1	0	1	1	0
1	1	0	1	0
1	1	1	1	1

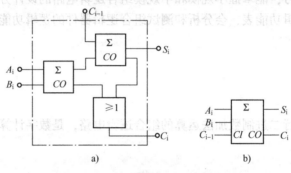

图5-19 全加器的逻辑图和图形符号

3. 集成多位加法器

若把一个全加器的进位输出C_i连至另一个全加器的进位输入C_{i-1}，则可构成二位二进制数加法器。用几个全加器可组成一个多位二进制数加法运算的电路。图5-20是四位全加器的一种逻辑电路图。若令低位全加器进位输入端$CO=0$，则可以直接实现四位二进制数的加法运算。这种全加器的任意一位的加法运算都必须等到低位加法完成且送来进位时才能进行，这种进位方式称为串行进位。如T692就是四位串行进位的全加器。

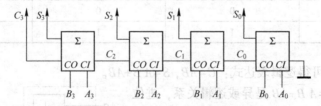

图5-20 四位全加器的逻辑电路图

串行进位加法器电路简单，但工作速度较慢。从信号输入到最高位的输出，需要四级全加器的传输时间。为了提高运算速度，在一些加法器中采用了超前进位的方法。它们在作加运算的同时，利用快速进位电路把各个进位数也求出来，从而加快了运算速度。具有这种功能的电路称为超前进位加法器。74LS283就是四位超前进位加法器。图5-21是74LS283的外部引线排列图。这种加法器也可以进行位数的扩展。

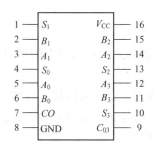

图 5-21 四位超前进位加法器 74LS283 外部引线排列图

【任务实施】

5.3.2 技能训练：组合逻辑电路的设计与测试

1. 训练任务

通过组合逻辑电路的逻辑功能测试，掌握组合逻辑电路的设计方法，根据训练任务要求和所给定的集成电路元器件，设计组合逻辑电路并拟定训练步骤。

2. 训练目标

1）掌握组合逻辑电路的功能测试；
2）熟悉组合逻辑电路的设计方法；
3）验证所设计电路的逻辑功能。

3. 仪表、仪器与设备

数字电路实验箱、74LS00 二输入端四与非门、74LS20 四输入端双与非门。

4. 相关知识

组合逻辑电路是指：电路任意时刻的输出，仅取决于该时刻的输入信号的组合，而与该时刻前的电路状态无关。

组合逻辑电路设计的一般过程是：

1）对实际问题进行分析。
2）根据设计任务要求列出真值表。
3）用公式法化简逻辑表达式。
4）根据化简后的表达式画出逻辑图。如有特殊要求，可将表达式进行转换。
5）根据使用场合和技术要求等多方面因素，如针对电路的速度、功耗、成本、可靠性、逻辑功能的灵活性等，合理地选择元器件，构成逻辑电路。

5. 训练要求

1）电源的正、负极不能接反，电压值不能超过规定范围；
2）认真接线，特别注意电路的输出端切勿与电源线或地线短路；
3）应注意元器件有无发烫、异味、冒烟，若发现应立即关断电源，保持现场并报告老师。找出原因，排除故障，经指导老师同意后再继续训练；
4）训练过程中，需要改动接线时，应先关断电源后才能拆、接连线；

5) 训练完毕且经指导老师同意后，可关断电源并拔出电源插头，拆除连线并整理好将其放入实验箱内。

6. 任务实施步骤

1) 设计一个三人表决电路，如两人及两人以上的多数同意，则决议通过。
2) 设计一个半加器。

电路有两个输入，一个是加数，一个是被加数；有两个输出，一个是两数相加后在本位的和，另一个是向高位的进位数。用与非门实现并验证其逻辑功能。

半加器的逻辑功能如表5-9所示。

7. 巡回指导要点

1) 指导学生正确连线；
2) 指导学生正确测试。

8. 训练效果评价标准

1) 完成三人表决电路的设计，正确获取测试结果（50分）；
要求：①正确操作仪器；②画出设计电路。
2) 掌握半加器电路的设计，正确获取测试结果（30分）；
要求：①正确操作仪器；②画出设计电路。

在以上的检测过程中，能够正确操作，不出现违规现象，不损坏仪器（20分）。

项目6 抢答器的分析与设计

【项目描述】

时序逻辑电路是指任意时刻的输出信号,不仅取决于该时刻电路的输入信号,而且还取决于电路原来状态的逻辑电路。时序逻辑电路的基本单元是触发器,常用的中规模时序逻辑电路有计数器和寄存器等,可用于定时、分频、数字测量、运算和控制等电路,是现代数字系统中不可缺少的重要组成部分。

任务6.1 编码器的分析与测试

【学习目标】

1) 掌握编码器的基本概念及分类。
2) 掌握编码器的逻辑功能。
3) 掌握编码器的应用。

【任务布置】

1) 在借助多媒体资源讲解编码器相关知识,使学生掌握编码器的功能和应用。
2) 使用实训室仪器和设备测试编码器的逻辑功能,使学生掌握并能识别编码器的引脚排列图和引脚的功能,并能进行编码器的测量并掌握其工作原理,初步掌握应用编码器设计组合逻辑电路的方法。

【任务分析】

通过讲解编码器相关知识,并对各种类型编码器功能的测试,深刻理解各种编码器的功能和应用,从而为分析和设计时序逻辑电路打好基础。

【知识链接】

6.1.1 二进制编码器

在数字系统中,用二进制代码表示某一信号被称为编码。实现编码功能的电路称为编码器。

将输入信号编成二进制代码的电路称为二进制编码器。1位二进制代码有0和1两种,可以表示两种信号,2位二进制代码有00、01、10、11四种,可以表示四种信号……由于 n 位二进制代码有 2^n 个取值组合,可以表示 2^n 种信号。所以输出 n 位代码的二进制编码器,一般有 2^n 个输入端。

图 6-1 是 3 位二进制编码器的逻辑图。$I_1 \sim I_7$ 是 7 个输入端（因输出与 I_0 没有关系，可以省略），A，B，C 是 3 个输出端。对应于每个输入信号都有一组不同的输出代码。

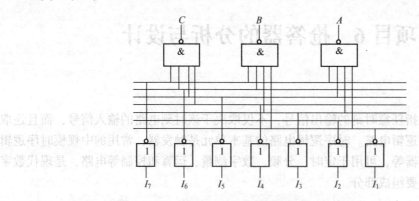

图 6-1　3 位二进制编码器的逻辑图

下面分析它的逻辑功能。

首先，由逻辑图 6-1 可写出逻辑表达式：

$$C = \overline{\overline{I_7} \, \overline{I_6} \, \overline{I_5} \, \overline{I_4}}$$

$$B = \overline{\overline{I_7} \, \overline{I_6} \, \overline{I_3} \, \overline{I_2}}$$

$$A = \overline{\overline{I_7} \, \overline{I_5} \, \overline{I_3} \, \overline{I_1}}$$

然后，根据上式列出电路的逻辑状态表，如表 6-1 所示。

表 6-1　三位二进制编码器逻辑状态表

输入	输出		
	C	B	A
I_0	0	0	0
I_1	0	0	1
I_2	0	1	0
I_3	0	1	1
I_4	1	0	0
I_5	1	0	1
I_6	1	1	0
I_7	1	1	1

由状态表可以看出：对任一输入信号，3 个输出端的取值组成对应的 3 位二进制代码。因该电路有 8 个输入端和 3 个输出端，常称之为 8 线-3 线编码器。

6.1.2　二-十进制编码器

二-十进制编码器是将十进制的 10 个数码 0、1、2、3、4、5、6、7、8、9 编成二进制代码的电路，其逻辑图如图 6-2 所示。它有 9 个输入端（因为输出与 I_0 没有关系，可以省略)、4个端出端,输入的是0~9的10个数码,输出的是对应的4位二进制代码,这种二进制代码又称二-十进制代码,简称BCD码。

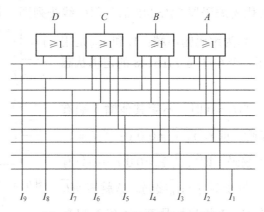

图 6-2　二-十进制编码器的逻辑图

由逻辑图 6-2 可写出逻辑表达式:

$D = I_8 + I_9$

$C = I_4 + I_5 + I_6 + I_7$

$B = I_2 + I_3 + I_6 + I_7$

$A = I_1 + I_3 + I_5 + I_7 + I_9$

根据上式可列出电路的逻辑状态表6-2,由逻辑状态表可以看出:表示0~9这10个数码的代码,是4位二进制代码的16种状态中取的前10种状态,这就是最常用的"8421编码"方式。二进制代码各位的1所代表的十进制数从高位到低位依次为8、4、2、1,称之为"权",各个数码乘以各位的"权",然后相加,即可得到二进制代码所表示的一位十进制数。如"0101"表示的十进制数为

$$0\times8 + 1\times4 + 0\times2 + 1\times1 = 5$$

4位二进制代码有16种状态,其中任何10种状态都可表示0~9等10个数码,因此十进制的编码方式有多种形式。

表 6-2　二-十进制编码器的逻辑状态表

输入	输出			
十进制数	D	C	B	A
0	0	0	0	0
1	0	0	0	1
2	0	0	1	0
3	0	0	1	1
4	0	1	0	0
5	0	1	0	1
6	0	1	1	0
7	0	1	1	1
8	1	0	0	0
9	1	0	0	1

6.1.3 集成编码器

图6-3是8线-3线优先编码器74LS148的外部引线排列图。其中$I_0 \sim I_7$,为输入信号端;$\overline{S}$为控制端;$\overline{Y}_0$、$\overline{Y}_1$、$\overline{Y}_2$为编码输出端;$\overline{Y}_S$和$\overline{Y}_{EX}$是用于扩展编码功能的输出端。表6-3是74LS148的逻辑状态表,×表示取任意值。

由逻辑状态表可知:当$\overline{I}_7 = 0$时,不管其他输入端有无信号,输出时只对$\overline{I}_7$编码,即$\overline{Y}_2\ \overline{Y}_1\ \overline{Y}_0 = 0\ 0\ 0$;当$\overline{I}_7 = 1$,$\overline{I}_6 = 0$时,则输出时只对$\overline{I}_6$编码,即$\overline{Y}_2\ \overline{Y}_1\ \overline{Y}_0 = 0\ 0\ 1$……只有当$\overline{I}_7 \sim \overline{I}_1$都为1,$\overline{I}_0 = 0$时,输出时才对$\overline{I}_0$编码。这就表明$\overline{I}_7 \sim \overline{I}_0$具有不同的编码优先权,$\overline{I}_7$优先权最高,$\overline{I}_0$优先权最低,该电路输入低电平有效;输出为反码。

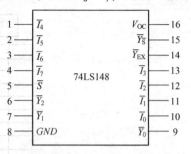

图6-3 8线-3线优先器74LS148的外部引线排列图

表6-3 74LS148的逻辑状态表

			输		入						输	出	
$\overline{S}$	$\overline{I}_7$	$\overline{I}_6$	$\overline{I}_5$	$\overline{I}_4$	$\overline{I}_3$	$\overline{I}_2$	$\overline{I}_1$	$\overline{I}_0$	$\overline{Y}_2$	$\overline{Y}_1$	$\overline{Y}_0$	$\overline{Y}_{EX}$	$\overline{Y}_S$
0	0	×	×	×	×	×	×	×	0	0	0	0	1
0	1	0	×	×	×	×	×	×	0	0	1	0	1
0	1	1	0	×	×	×	×	×	0	1	0	0	1
0	1	1	1	0	×	×	×	×	0	1	1	0	1
0	1	1	1	1	0	×	×	×	1	0	0	0	1
0	1	1	1	1	1	0	×	×	1	0	1	0	1
0	1	1	1	1	1	1	0	×	1	1	0	0	1
0	1	1	1	1	1	1	1	0	1	1	1	0	1
0	1	1	1	1	1	1	1	1	1	1	1	1	0
1	×	×	×	×	×	×	×	×	1	1	1	1	1

$\overline{S}$端控制编码器的工作状态。当$\overline{S} = 0$时,允许编码;当$\overline{S} = 1$时,禁止编码。故称$\overline{S}$端为"选通端"或"使能端"或"控制端"。利用$\overline{S}$端可以扩展编码器的功能。

$\overline{Y}_S$端受本芯片$\overline{S}$端控制。当$\overline{S} = 0$时,若有编码输入,则$\overline{Y}_S = 1$;若无编码输入,则$\overline{Y}_S = 0$。当$\overline{S} = 1$时,$\overline{Y}_S = 1$。常用$\overline{Y}_S$端的输出来控制其他芯片。

$\overline{Y}_{EX}$端在本芯片$\overline{S} = 0$时,输出与$\overline{Y}_S$相反;在本芯片$\overline{S} = 1$时,与$\overline{Y}_S$相同。当多片编码时,$\overline{Y}_{EX}$可作为编码输出位的扩展。

【任务实施】

6.1.4 技能训练:8线-3线优先编码器74LS148组合逻辑电路的测试

1. 实训任务

通过对常用8线-3线优先编码器74LS148组合逻辑电路逻辑功能的测试,掌握该电路工作原理，熟悉所用集成电路的引脚位置及各引脚的功能。

2. 训练目标

1）进一步熟悉门电路的逻辑功能测试方法；

2）掌握 8 线-3 线优先编码器 74LS148 的功能。

3. 仪表、仪器与设备

数字电路实验箱、74LS148 编码器。

4. 训练要求

1）电源的正、负极不能接反，电压值不能超过规定范围；

2）认真接线，特别注意电路的输出端切勿与电源线或地线短路；

3）应注意元器件有无发烫、异味、冒烟，若发现应立即关断电源，保持现场并报告老师。找出原因，排除故障，经指导老师同意后再继续训练；

4）训练完毕并经指导老师同意后，可关断电源并拔出电源插头，拆除连线并整理好后放入实验箱内。

5. 任务实施步骤

1）测试 8 线-3 线优先编码器 74LS148 逻辑功能。

按图 6-3 接线，按 74LS148 功能表逐项进行测试，记录测试结果。

2）要求：

① 写出设计过程；

② 画出接线图；

③ 验证逻辑功能。

6. 巡回指导要点

1）指导学生正确连线；

2）指导学生正确测试。

7. 训练效果评价标准

1）完成 8 线-3 线优先编码器 74LS148 的测试，正确获取测试结果（50 分）。

要求：1）正确操作仪器；2）填写并完成表格。

2）掌握 8 线-3 线优先编码器 74LS148 的引脚功能及工作原理（30 分）。

要求：①能正确表达所测试集成门电路的工作原理；②能灵活应用集成门电路组合所需门电路。

在以上的检测过程中，能够正确操作，不出现违规现象，不损坏仪器（20 分）。

任务 6.2 译码器的分析与测试

【学习目标】

1）掌握译码器的基本概念及分类。

2）掌握译码器的逻辑功能。

3）掌握译码器的应用。

【任务布置】

1）借助多媒体资源讲解译码器相关知识，掌握译码器的功能和应用。

2）使用实训室仪器和设备测试译码器的逻辑功能，掌握并能识别译码器的引脚排列图和引脚的功能，能进行译码器的测量并掌握其工作原理，初步掌握应用译码器设计组合逻辑电路的方法。

【任务分析】

通过讲解译码器相关知识，并通过对各种类型译码器功能的测试，深刻理解各种译码器的功能和应用，从而为分析和设计时序逻辑电路打好基础。

【知识链接】

6.2.1 译码显示电路

译码是编码的逆过程。它是将二进制代码按它的原意翻译成相对应的输出信号。实现译码功能的电路称为译码器。

1. 译码器

译码器与编码器一样，也是一种多输入端、多输出端的组合逻辑电路。图6-4是3位二进制译码器的逻辑图。电路由与非门构成，输入是3位二进制代码。

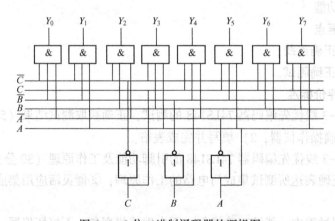

图6-4 3位二进制译码器的逻辑图

由逻辑图6-4可写出输出端的表达式

$$Y_0 = \overline{C}\,\overline{B}\,\overline{A} \qquad Y_1 = \overline{C}\,\overline{B}A$$

$$Y_2 = \overline{C}B\,\overline{A} \qquad Y_3 = \overline{C}BA$$

$$Y_4 = C\,\overline{B}\,\overline{A} \qquad Y_5 = C\,\overline{B}A$$

$$Y_6 = CB\,\overline{A} \qquad Y_7 = CBA$$

由上式可列出电路的逻辑状态表，如表6-4所列，可看出：一个输出端只与一组输入代码相对应。这样就可把输入代码译成特定的输出信号。如当 $CBA=101$ 时，输出只有 Y_5 为 1，其余皆为 0。

表 6-4　3 位二进制译码器的逻辑状态表

输	入		输			出				
C	B	A	Y_0	Y_1	Y_2	Y_3	Y_4	Y_5	Y_6	Y_7
0	0	0	1	0	0	0	0	0	0	0
0	0	1	0	1	0	0	0	0	0	0
0	1	0	0	0	1	0	0	0	0	0
0	1	1	0	0	0	1	0	0	0	0
1	0	0	0	0	0	0	1	0	0	0
1	0	1	0	0	0	0	0	1	0	0
1	1	0	0	0	0	0	0	0	1	0
1	1	1	0	0	0	0	0	0	0	1

图 6-5 所示为 3 线-8 线集成译码器 74LS138。它除了有 3 个二进制码输入端、8 个与其值相对应的输出端外，还有 3 个使能输入端 S_1、$\overline{S_2}$、$\overline{S_3}$。译码器的逻辑状态表如表 6-5 所示。

从表 6-5 看出：从电路输入端 A_2、A_1、A_0 输入 3 位二进制代码；输出端为 $\overline{Y_0} \sim \overline{Y_7}$，输出的有效信号是低电平 0；$S_1$、$\overline{S_2}$、$\overline{S_3}$ 是使能端（选通端），仅当 $S_1=1$、$\overline{S_2}=\overline{S_3}=0$ 时，译码器正常工作，否则输出端 $\overline{I_0} \sim \overline{I_7}$ 均为高电平 1。

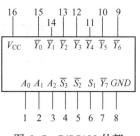

图 6-5　74LS138 外部引线排列图

表 6-5　74LS138 译码器的逻辑状态表

输		入			输			出				
使能		选择										
S_1	$\overline{S_2}+\overline{S_3}$	A_2	A_1	A_0	$\overline{Y_0}$	$\overline{Y_1}$	$\overline{Y_2}$	$\overline{Y_3}$	$\overline{Y_4}$	$\overline{Y_5}$	$\overline{Y_6}$	$\overline{Y_7}$
×	1	×	×	×	1	1	1	1	1	1	1	1
0	×	×	×	×	1	1	1	1	1	1	1	1
1	0	0	0	0	0	1	1	1	1	1	1	1
1	0	0	0	1	1	0	1	1	1	1	1	1
1	0	0	1	0	1	1	0	1	1	1	1	1
1	0	0	1	1	1	1	1	0	1	1	1	1
1	0	1	0	0	1	1	1	1	0	1	1	1
1	0	1	0	1	1	1	1	1	1	0	1	1
1	0	1	1	0	1	1	1	1	1	1	0	1
1	0	1	1	1	1	1	1	1	1	1	1	0

合理使用选通端可以扩展译码器功能。

2. 显示译码器

在数字系统中，常常需要把二-十进制译码输出并直接显示为十进制数字，这就要用到显示译码器。最常用的显示译码器是能直接驱动数码管的七段字形译码器。

(1) 半导体数码管

常用的显示器件有半导体数码管、液晶数码管和荧光数码管。这里介绍半导体数码管（简称LED）。半导体数码管将十进制数码分成七段，每段为一条状发光二极管，其结构如图6-6所示。选择不同字段发光，可显示出不同的字形。例如当 a、b、c、d、g 亮时，显示出 3；当 a、b、c 亮时，显示出 7。

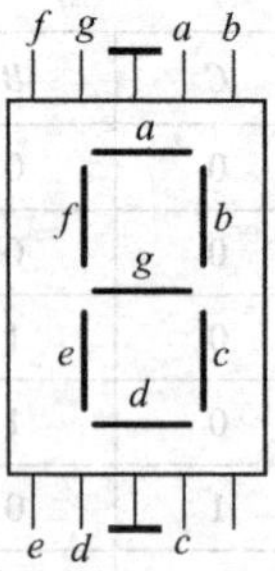

半导体数码管中7个发光二极管有共阴极和共阳极两种接法，如图6-7所示。译码器输出高电平驱动显示器时，选用共阴极接法，如图6-7a所示；译码器输出低电平驱动显示器时，选用共阳极接法，如图6-7b所示；使用时每只二极管均要串接限流电阻。

图6-6 半导体数码管

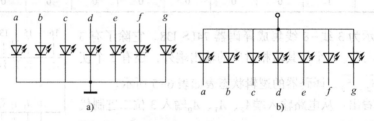

图6-7 半导体数码管的接法
a) 共阴极接法　b) 共阳极接法

(2) 七段显示译码器

七段显示译码器输入的是8421BCD码，输出是对应的七段字形显示的信号。74LS48七段显示译码器输出高电平有效，用于驱动共阴极LED数码管。

74LS48有4个输入端 A、B、C、D 和7个输出端 $a \sim g$，它还具有灭灯输入端 BI/RBO、灯测试端 LT、灭零输入/输出端 RBI/RBO 端，以增强器件的功能。74LS48逻辑状态见表6-6，其引脚排列如图6-8a所示。

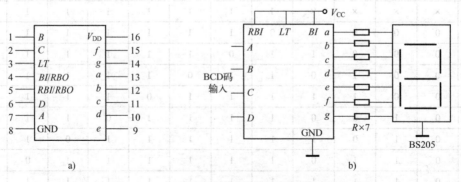

图6-8 74LS48译码器和数码管的连接示意图
a) 引脚排列　b) 数字显示电路

表 6-6 74LS48 逻辑状态表

十进制或功能	输入						BI/RBO	输出						
	LT	RBI	D	C	B	A		a	b	c	d	e	f	g
0	1	1	0	0	0	0	1	1	1	1	1	1	1	0
1	1	×	0	0	0	1	1	0	1	1	0	0	0	0
2	1	×	0	0	1	0	1	1	1	0	1	1	0	1
3	1	×	0	0	1	1	1	1	1	1	1	0	0	1
4	1	×	0	1	0	0	1	0	1	1	0	0	1	1
5	1	×	0	1	0	1	1	1	0	1	1	0	1	1
6	1	×	0	1	1	0	1	0	0	1	1	1	1	1
7	1	×	0	1	1	1	1	1	1	1	0	0	0	0
8	1	×	1	0	0	0	1	1	1	1	1	1	1	1
9	1	×	1	0	0	1	1	1	1	1	0	0	1	1
10	1	×	1	0	1	0	1	0	0	0	1	1	0	1
11	1	×	1	0	1	1	1	0	0	1	1	0	0	1
12	1	×	1	1	0	0	1	0	1	0	0	0	1	1
13	1	×	1	1	0	1	1	1	0	0	1	0	1	1
14	1	×	1	1	1	0	1	0	0	0	1	1	1	1
15	1	×	1	1	1	1	1	0	0	0	0	0	0	0
消隐	×	×	×	×	×	×	0	0	0	0	0	0	0	0
脉冲消隐	1	0	0	0	0	0	0	0	0	0	0	0	0	0
灯测试	0	×	×	×	×	×	1	1	1	1	1	1	1	1

74LS48 可直接驱动共阴极 LED 数码管，工作时也可以加一定阻值的限流电阻改变 LED 数码管发光亮度。由 74LS48 组成的基本数字显示电路如图 6-8b 所示。图中 BS205 为共阴极 LED 数码管，限流电阻 R 用于控制 LED 数码管的工作电流和发光亮度。另外，与共阳极 LED 数码管配合的显示译码器输出低电平有效，如 74LS47 等，其输出 a～g 的状态与表 6-6 相反，两者不能混用。

6.2.2 数值比较器

比较器是对两个二进制数 A、B 进行数值比较，以判断其大小的逻辑电路。

1. 一位数值比较器

一位数值比较器的逻辑如图 6-9 所示。输入是两个待比较数，输出是比较结果。输出端用 $F_{A>B}$，$F_{A=B}$，$F_{A<B}$ 来表示。由逻辑图 6-9 可写出其逻辑表达式

$$F_{A<B} = \overline{A}B$$

$$F_{A>B} = A\overline{B}$$

$$F_{A=B} = \overline{\overline{A}B + A\overline{B}}$$

根据上式得到逻辑状态如表 6-7 所列。

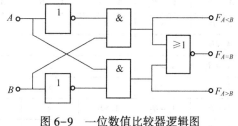

图 6-9 一位数值比较器逻辑图

表 6-7 一位数值比较器逻辑状态表

A	B	$F_{A>B}$	$F_{A<B}$	$F_{A=B}$
0	0	0	0	1
0	1	0	1	0
1	0	1	0	0
1	1	0	0	1

状态表反映了对两个一位二进制数进行数值比较运算的规律。凡是具有表 6-7 逻辑功能的电路均可作为一位比较器用。

2. 集成比较器

集成比较器有多种型号的芯片可供选用。图 6-10 是一种 4 位数值比较器 74LS85 的图形符号。它有 8 个数值输入端（A_3、A_2、A_1、A_0、B_3、B_2、B_1、B_0），3 个级联输入端（$A=B$、$A>B$、$A<B$）和 3 个输出端（$F_{A=B}$、$F_{A>B}$、$F_{A<B}$）。

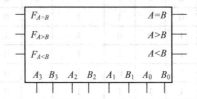

图 6-10 4 位数值比较器 74LS85 的图形符号

两个 4 位数的比较是从 A 的最高位A_3和 B 的最高位B_3开始的。如果它们不相等，则该位的比较结果就可作为两数的比较结果。如果$A_3=B_3$，则再比较A_2和B_2……4 位数值比较器的逻辑状态如表 6-8 所示。

从状态表 6-8 的最后三行可以看出，$A_3A_2A_1A_0=B_3B_2B_1B_0$时，比较的结果由级联输入端决定。这就要求：在单独使用一片芯片时，级联输入端应使 $A=B$ 端接高电平，其余两个输入端接低电平。设置级联输入端的目的是为了能与其他数值比较器连接，以便组成更多位的数值比较器。图 6-11 是将两个 4 位数值比较器扩展为 8 位数值比较器的连接图。数值比较器除了直接用于两组二进制代码的比较外，还可应用于其他方面。

表 6-8 4 位数值比较器的逻辑状态表

数值比较的输入				级联后的输入			输 出		
$A_3\ B_3$	$A_2\ B_2$	$A_1\ B_1$	$A_0\ B_0$	$A>B$	$A<B$	$A=B$	$F_{A>B}$	$F_{A<B}$	$F_{A=B}$
$A_3>B_3$	×	×	×	×	×	×	1	0	0
$A_3<B_3$	×	×	×	×	×	×	0	1	0
$A_3=B_3$	$A_2>B_2$	×	×	×	×	×	1	0	0
$A_3=B_3$	$A_2<B_2$	×	×	×	×	×	0	1	0
$A_3=B_3$	$A_2=B_2$	$A_1>B_1$	×	×	×	×	1	0	0
$A_3=B_3$	$A_2=B_2$	$A_1<B_1$	×	×	×	×	0	1	0
$A_3=B_3$	$A_2=B_2$	$A_1=B_1$	$A_0<B_0$	×	×	×	0	1	0

(续)

数值比较的输入				级联后的输入			输 出		
A_3 B_3	A_2 B_2	A_1 B_1	A_0 B_0	$A>B$	$A<B$	$A=B$	$F_{A>B}$	$F_{A<B}$	$F_{A=B}$
$A_3=B_3$	$A_2=B_2$	$A_1=B_1$	$A_0=B_0$	1	0	0	1	0	0
$A_3=B_3$	$A_2=B_2$	$A_1=B_1$	$A_0=B_0$	0	1	0	0	1	0
$A_3=B_3$	$A_2=B_2$	$A_1=B_1$	$A_0=B_0$	0	0	1	0	0	1

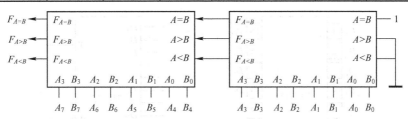

图 6-11 比较器的级联

6.2.3 数据选择器

根据地址输入端的不同,从多路输入数据中选择一路进行输出的电路被称为数据选择器,又称多路开关。在数字系统中,经常利用数据选择器将多条传输线上的不同数字信号按要求选择其中之一送到公共数据线上。

图 6-12 是数据选择器的结构框图。设地址输入端有 n 个,这 n 个地址输入端组成 n 位二进制代码,则输入端最多可有 2^n 个输入信号,但输出端却只有一个。根据输入信号的个数,数据选择器可分为 4 选 1、8 选 1、16 选 1 数据选择器等。

8 选 1 数据选择器 74LS151 的逻辑状态表如表 6-9 所列。可以看出,74LS151 有一个使能端 $\overline{ST}$,低电平有效;两个互补输出端 Y 和 $\overline{W}$,其输出信号相反。由逻辑状态表可写出 Y 的表达式,即

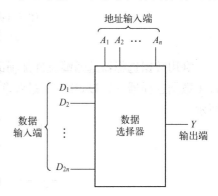

图 6-12 数据选择器框图

表 6-9 74LS151 的逻辑状态表

输 入				输 出	
选 择 输 入			选 通 输 入		
A_2	A_1	A_0	$\overline{ST}$	Y	$\overline{W}$
×	×	×	1	0	1
0	0	0	0	D_0	$\overline{D_0}$
0	0	1	0	D_1	$\overline{D_1}$
0	1	0	0	D_2	$\overline{D_2}$
0	1	1	0	D_3	$\overline{D_3}$
1	0	0	0	D_4	$\overline{D_4}$
1	0	1	0	D_5	$\overline{D_5}$
1	1	0	0	D_6	$\overline{D_6}$
1	1	1	0	D_7	$\overline{D_7}$

$$Y = (\overline{A_2}\,\overline{A_1}\,\overline{A_0}D_0 + \overline{A_2}\,\overline{A_1}A_0D_1 + \overline{A_2}A_1\overline{A_0}D_2$$
$$+ \overline{A_2}A_1A_0D_3 + A_2\overline{A_1}\,\overline{A_0}D_4 + A_2\overline{A_1}A_0D_5$$
$$+ A_2A_1\overline{A_0}D_6 + A_2A_1A_0D_7)\overline{ST}$$

当 $\overline{ST}=1$ 时，$Y=0$，数据选择器不工作；当 $\overline{ST}=0$ 时，根据地址码 $A_2A_1A_0$ 的不同，将从 $D_0 \sim D_7$ 中选出一个数据来输出。图 6-13 所示为 74LS151 的引脚排列图和逻辑符号。

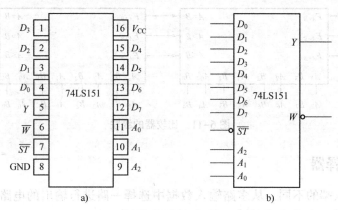

图 6-13 集成数据选择器 74LS151
a) 引脚排列图 b) 逻辑符号

利用数据选择器选通端及外加辅助门电路可实现数据选择器通道扩展。例如，用两片 8 选 1 数据选择器（74LSl51）通过级联，可以扩展成 16 选 1 数据选择器，其连线如图 6-14 所示。

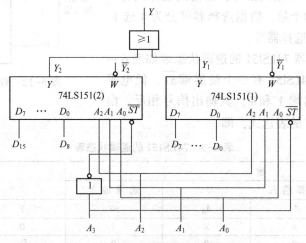

图 6-14 16 选 1 数据选择器的连线图

用数据选择器也可以实现逻辑函数，这是因为数据选择器输出信号的逻辑表达式具有以下特点：
1) 具有标准与或表达式的形式。
2) 提供了地址变量的全部最小项。
3) 一般情况下，输入信号 D_i 可以当成一个变量处理。而且任何组合逻辑函数都可以写成唯一的最小项表达式的形式,因此从原理上讲,用数据选择器可以不受限制地实现任何形式的组合逻辑函数。如果函数的变量数为 k,那么应选用地址变量数为 $n=k$ 或 $n=k-1$ 的数据选择器。

【任务实施】

6.2.4 技能训练:数据选择器的逻辑功能测试

1. 训练任务

通过对常用 72LS151 的 8 选 1 数据选择器逻辑功能的测试,掌握该电路工作原理,熟悉所用集成电路的引脚位置及各引脚的功能。

2. 训练目标

1)进一步熟悉集成门电路的逻辑功能测试方法;
2)掌握 72LS151 的 8 选 1 数据选择器的功能。

3. 仪表、仪器与设备

数字电路实验箱、72LS151 的 8 选 1 数据选择器。

4. 相关知识

数据选择器又叫"多路开关",是目前逻辑设计中应用十分广泛的逻辑部件,它有 2 选 1、4 选 1、8 选 1、16 选 1 等类别。74LS151 为互补输出的 8 选 1 数据选择器,引脚排列如图 6-13 所示,功能见表 6-9。

5. 训练要求

1)电源的正、负极不能接反,电压值不能超过规定范围;
2)认真接线,特别注意电路的输出端切勿与电源线或地线短路;
3)应注意元器件有无发烫、异味、冒烟,若发现应立即关断电源,保持现场并报告老师。找出原因,排除故障,经指导老师同意后再继续训练;
4)训练完毕并经指导老师同意后,可关断电源并拔出电源插头,拆除连线并整理好后放入实验箱内。

6. 任务实施步骤

(1)测试数据选择器 74LS151 逻辑功能

按图 6-13 接线,地址端为 A_2、A_1、A_0,数据端为 $D_0 \sim D_7$,使能端 $\overline{S}$ 接逻辑开关;输出端 Y 接逻辑电平显示器。按 74LS151 功能表逐项进行测试,记录测试结果。

(2)用 8 选 1 数据选择器 74LS151 设计三输入的多数表决电路。要求:

1)写出设计过程;
2)画出接线图;
3)验证逻辑功能。

7. 巡回指导要点

1)指导学生正确连线;
2)指导学生正确测试。

8. 训练效果评价标准

1)完成集成门电路 8 选 1 数据选择器 74LS151 的测试,正确获取测试结果(50 分);

要求：①正确操作仪器；②填写并完成表格。
2) 掌握基本集成门电路 8 选 1 数据选择器 74LS151 的引脚功能及工作原理（30 分）。
要求：①能正确表达所测试集成门电路的工作原理；②能灵活应用集成门电路组合所需门电路。

在以上的检测过程中，能够正确操作，不出现违规现象，不损坏仪器（20 分）。

任务 6.3　触发器的分析与测试

【学习目标】

1) 掌握基本 RS 触发器的逻辑功能。
2) 掌握边沿 D 触发器的逻辑功能。
3) 掌握边沿 JK 触发器的逻辑功能。

【任务布置】

1) 借助多媒体资源讲解触发器相关知识，掌握触发器的功能和应用。
2) 使用实训室仪器和设备测试触发器的逻辑功能，掌握并能识别触发器的引脚排列图和引脚的功能，能进行触发器的测量，掌握其工作原理，初步掌握应用触发器设计组合逻辑电路的方法。

【任务分析】

时序逻辑电路的基本单元是双稳态触发器。它具有两个稳定状态，即 1 和 0 这两种不同的逻辑状态。在一定的输入信号作用下，它可以从一个稳态转变为另一个稳态。当电路达到新的稳态后，即使输入信号消失，电路仍维持这个新状态不变。

触发器类型很多。若按逻辑功能的不同可分为 RS 触发器、JK 触发器、D 触发器、T 触发器等。触发器是构成时序逻辑电路的基本单元。通过讲解触发器相关知识和对各种类型触发器功能的测试，深刻理解各种触发器的功能和应用，从而为分析和设计时序逻辑电路打好基础。

【知识链接】

6.3.1　RS 触发器

1. 基本 RS 触发器

基本 RS 触发器是电路结构最简单的一种触发器。它是构成各种触发器的基本单元。图 6-15a 所示的触发器是由与非门加反馈线构成的。Q 和 $\overline{Q}$ 是输出端，两者的逻辑状态在正常条件下保持相反。一般把 Q 的状态规定为触发器的状态。当 $Q=0$，$\overline{Q}=0$ 时，称触发器为 1 状态；当 $Q=1$，$\overline{Q}=1$ 时，称触发器为 0 状态。

下面分析基本 RS 触发器的逻辑功能。

1) $\overline{S_D}=1, \overline{R_D}=0$。与非门 G_B 有一个输入端为 0,所以其输出端 $\overline{Q}=1$,而与非门 G_A 的两个输入端全为 1,其输出端 $Q=0$,即触发器处于 0 状态。这种情况称为触发器置 0 或复位。

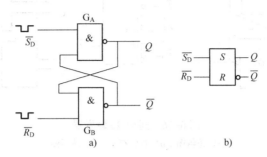

图 6-15 基本 RS 触发器的逻辑图和逻辑符号
a) 逻辑图　b) 逻辑符号

2) $\overline{S_D}=0, \overline{R_D}=1$。与非门 G_A 有一个输入端为 0,其输出端 $Q=1$;而与非门 G_B 的两个输入端全为 1,其输出 $\overline{Q}=0$。即此时触发器处于 1 状态。这种情况称为触发器置 1 或置位。

3) $\overline{S_D}=1, \overline{R_D}=1$。两个与非门的工作状态不受影响,各自的输出状态保持不变,即原状态被触发器存储起来,这体现了触发器具有记忆能力。

4) $\overline{S_D}=0, \overline{R_D}=0$。两个与非门的输出端都为 1,这就达不到 Q 与 $\overline{Q}$ 的状态相反的逻辑要求,且一旦负脉冲同时除去,触发器的状态将由偶然因素决定。使用时应禁止这种状态出现。

将以上情况综合起来,就得到了基本 RS 触发器的逻辑状态表,如表 6-10 所示。

表 6-10 基本 RS 触发器的逻辑状态表

$\overline{S_D}$	$\overline{R_D}$	Q
1	0	0
0	1	1
1	1	不变
0	0	不定

上述基本 RS 触发器置 1 的决定性条件是 $\overline{S_D}=0$,故称 $\overline{S_D}$ 端为置 1 端同理,称 $\overline{R_D}$ 端为置 0 端。

基本 RS 触发器的逻辑符号如图 6-15b 所示。这是由于置 1 和置 0 都是低电平有效,因此在输入端的边框外都画有小圆圈。

2. 同步 RS 触发器

基本 RS 触发器的输入信号直接控制触发器的翻转,而在实际应用中,常常要求触发器在某一指定时刻按输入信号所决定的状态翻转,这个时刻由外加时钟脉冲 C 来决定,这类触发器叫同步 RS 触发器。

图 6-16a、b 分别为同步 RS 触发器的逻辑图和逻辑符号。它是在基本 RS 触发器的基础上,增加了两个控制门 G_C、G_D 和一个时钟脉冲 C,触发信号 R、S 通过控制门输入。

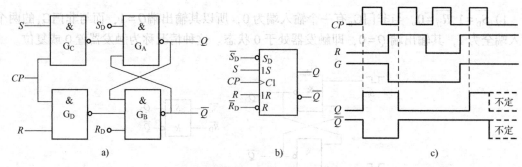

图 6-16 同步 RS 触发器
a) 逻辑图 b) 逻辑符号 c) 波形图

R_D 和 S_D 是直接复位端和直接置位端,它们不受时钟脉冲 C 的控制。一般用在工作之初,预先使触发器处于某一指定状态,在触发器工作过程中均不用它们,且使 R_D 和 S_D 均置为高电平 1。下面的分析均在 $S_D = R_D = 1$ 的前提下进行。

当时钟信号 $CP = 0$ 时,无论 R、S 取何值,门 G_C 和门 G_D 的输出均为 1,基本 RS 触发器保持原状态不变。

当时钟脉冲(正脉冲)到来后,即 $CP = 1$,控制门 G_C、G_D 被打开。如果此时 $S = 1$,$R = 0$,则门 G_C 的输出将变为 0,这个负脉冲使基本 RS 触发器置 1。如果此时 $S = 0$,$R = 1$,则门 G_D 送出置 0 信号,使 Q 为 0。如果此时 $S = R = 0$,则门 G_C 和门 G_D 均输出 1,基本 RS 触发器保持原来状态。如果此时 $S = R = 1$,则门 G_C 和门 G_D 的输出均为 0,使门 G_A 和门 G_B 输出为 1,当时钟脉冲过去以后,门 G_A 和门 G_B 的输出状态不定,这种情况应避免。图 6-16c 给出了同步 RS 触发器的波形图。

若用 Q_n 表示时钟脉冲来到之前触发器的输出状态,Q_{n+1} 表示时钟脉冲来到之后的状态,则同步 RS 触发器的状态表如表 6-11 所示。

由于 $CP = 1$ 时,输入信号 S 和 R 通过 G_C 和 G_D 反相后加到了基本 RS 触发器的输入端,所以在 $CP = 1$ 期间,S 和 R 的状态的改变都将直接引起输出端状态的变化。

表 6-11 同步 RS 触发器的逻辑状态表

S	R	Q_{n+1}
0	0	Q_n
0	1	0
1	0	1
1	1	不定

6.3.2 JK 触发器

图 6-17 所示是主从型 JK 触发器的逻辑图。它由两个同步 RS 触发器组成,两者分别称为主触发器和从触发器。

由图可见,当 $CP = 1$ 时,主触发器的状态由 J、K 的信号和从触发器状态来决定;但此时 $\overline{CP} = 0$,故从触发器的状态不变。当 CP 从 1 变为 0 时,主触发器的状态不变;但因 $\overline{CP} =$

1，主触发器就可以将其输出信号送到从触发器输入端，从触发器的状态由主触发器的状态来决定。此外由于这种触发器输出状态（从触发器的状态）的变化发生在时钟脉冲的后沿（下降沿），所以称为下降沿动作型的主从触发器。

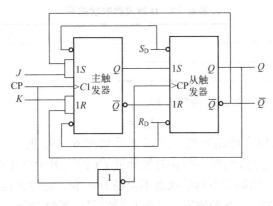

图 6-17 主从型 JK 触发器的逻辑图

由同步 RS 触发器的逻辑功能不难推出主从 JK 触发器的逻辑状态表，如表 6-12 所示（推导从略）。

从表 6-12 可见：JK 触发器的输入端 J 和 K 不存在约束。该触发器功能完善，不但能置 1、置 0，而且还具有保持、计数功能。JK 触发器的逻辑功能逻辑表达式为

$$Q_{n+1} = J\overline{Q_n} + \overline{K}Q_n$$

此式称为 JK 触发器的特征方程。

JK 触发器还有其他结构的电路。它们都具备表 6-12 所描述的逻辑功能。图 6-18a 给出负边沿（下降沿）触发的边沿触发器的逻辑符号。为了扩大 JK 触发器的使用范围，常做成多输入结构，如图 6-18b 所示。各同名输入端为与逻辑关系，即 $J=J_1J_2$，$K=K_1K_2$。

表 6-12 JK 触发器逻辑状态表

J	K	Q_{n+1}	说　　明
0	0	Q_n	输出状态不变
0	1	0	输出为 0
1	0	1	输出为 1
1	1	$\overline{Q_n}$	计数翻转

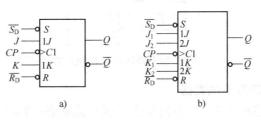

图 6-18 JK 触发器的逻辑符号

6.3.3 D 触发器

D 触发器也是一种应用广泛的触发器。其状态如表 6-13 所示。

表 6-13 D 触发器的状态表

D	Q_{n+1}
0	0
1	1

由状态表可以写出 D 触发器的特性方程

$$Q_{n+1}=D$$

国产 D 触发器多采用维持阻塞型。逻辑符号如图 6-19a 所示。其触发方式为正边沿（上升沿）触发。所谓正边沿触发是指在时钟脉冲 $C1$ 的上升沿到来时刻触发器状态随输入 D 状态而变化，而 $C1=1$ 期间触发器的状态不会随 D 而变，特性方程也仅仅在 CP 的上升沿到来时刻有效。如果已知 C、D 的波形，根据 D 触发器的逻辑功能，就可画出其输出端 Q 的波形，如图 6-19b 所示。

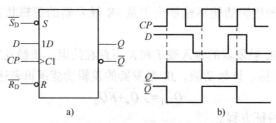

图 6-19 D 触发器的符号及波形
a) 逻辑符号　b) 波形图

6.3.4 触发器逻辑功能的转换

根据实际需要，可将某种逻辑功能的触发器转换为另一功能的触发器。

1. 将 JK 触发器转换为 D 触发器

D 触发器具有置 0、置 1 功能；而 JK 触发器中当 JK 取值相异时也具有置 0、置 1 功能，且输出状态与 J 一致。所以只需令 $K=\bar{J}$，$J=D$ 即可将 JK 触发器转换为 D 触发器，其逻辑图如图 6-20 所示。

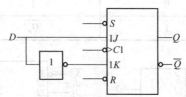

图 6-20 将 JK 触发器转换为 D 触发器的逻辑图

2. 将 JK 触发器转换为 T 触发器

T 触发器只有一个控制端 T，$T=0$ 时触发器保持原状态；$T=1$ 时，每来一个时钟脉冲，触发器就翻转一次，其逻辑状态如表 6-14 所示。图 6-21a 是 T 触发器的逻辑符号，图 6-21b 是它的波形图。

表 6-14 T 触发器状态表

T	Q_{n+1}
0	Q_n
1	$\overline{Q_n}$

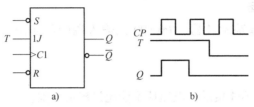

图 6-21 T 触发器逻辑符号及波形图
a) 逻辑符号 b) 波形图

它的特征方程为

$$Q_{n+1} = T\overline{Q_n} + \overline{T}Q_n = T \oplus Q_n$$

当 T 触发器的控制端 T 固定为高电平时，即 T=1，有

$$Q_{n+1} = \overline{Q_n}$$

这种触发器又称为 T′触发器，它的逻辑功能是每来一个时钟脉冲，翻转一次，即具有计数功能。

对照上两式发现，令 J=K=T 就可用 JK 触发器实现 T 触发器的功能，其逻辑图如图 6-22 所示。当 T=1 时，触发器具有计数功能。

3. 将 D 触发器转换为 T′触发器

若将 D 触发器的 D 端和输出端 $\overline{Q}$ 相连，如图 6-23a 所示，就将 D 触发器转换为 T′触发器。

4. 将 JK 触发器转换为 T′触发器

如图 6-23b 所示，将 JK 触发器的 J 和 K 端相连，并接入高电平"1"，就将 JK 触发器转换为 T′触发器。

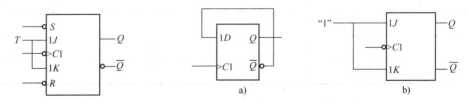

图 6-22 将 JK 触发器转换为 T 触发器　　图 6-23 T′触发器的逻辑图

【任务实施】

6.3.5 技能训练：触发器逻辑功能测试

1. 训练任务

通过对常用 74LS112 双负边沿 JK 触发器功能测试，掌握该触发器工作原理及相应的逻

辑表达式，熟悉所用集成电路的引脚位置及各引脚的功能。

2. 训练目标

1）掌握集成电路的测试方法；

2）掌握 74LS112 双负边沿 JK 触发器的功能。

3. 仪表、仪器与设备

数字电路实验箱、双踪示波器、74LS00 二输入端四与非门、74LS112 双负边沿 JK 触发器

4. 训练要求

1）电源的正、负极不能接反，电压值不能超过规定范围；

2）认真接线，特别注意电路的输出端切勿与电源线或地线短路；

3）应注意元器件有无发烫、异味、冒烟，若发现应立即关断电源，保持现场并报告老师。找出原因，排除故障，经指导老师同意后再继续实训；

4）训练过程中，需要改动接线时，应先关断电源后才能拆、接连线；

5）训练完毕且经指导老师同意后，可关断电源且拔出电源插头，拆除连线并整理好后放入实验箱内。

5. 任务实施步骤

（1）基本 RS 触发器的功能测试

两个 TTL 与非门首尾相接构成了基本 RS 触发器，其电路如图 6-24 所示。

1）按表 6-15 顺序在 $\overline{S}_D$、$\overline{R}_D$ 两端分别加上信号，观察并记录基本 RS 触发器的 Q 和 $\overline{Q}$ 端的状态，完成该表，并说明在各种输入状态下，基本 RS 触发器执行的是什么功能。

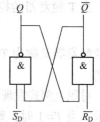

图 6-24 RS 触发器

表 6-15 基本 RS 触发器的逻辑功能表

$\overline{S}_D$	$\overline{R}_D$	Q	$\overline{Q}$	逻辑功能
0	1			
1	1			
1	0			
1	1			

2）$\overline{S}_D$ 端接低电平，$\overline{R}_D$ 端加脉冲信号。

3）$\overline{S}_D$ 端接高电平，$\overline{R}_D$ 端加脉冲信号。

4）连接 $\overline{S}_D$、$\overline{R}_D$ 端，并加脉冲信号。

记录 2），3），4）三种情况下 Q 和 $\overline{Q}$ 端的状态，从中总结出基本 RS 触发器的 Q 和 $\overline{Q}$ 端状态的改变与输入端 $\overline{S}_D$，$\overline{R}_D$ 的关系。

5）当 $\overline{S}_D$、$\overline{R}_D$ 端都接低电平时，观察 Q 和 $\overline{Q}$ 端的状态，当 $\overline{S}_D$ 和 $\overline{R}_D$ 同时由低电平跳变为高电平时，注意观察 Q 和 $\overline{Q}$ 端的状态。重复 3~5 次看 Q 和 $\overline{Q}$ 端的状态是否相同，以正确理解"不定"状态的含义。

（2）负边沿 JK 触发器功能测试

自拟训练步骤，测试其功能，并将结果填入表 6-16 中，图 6-25 所示为负边沿 JK 触发器的电路图。

表 6-16　负边沿 JK 触发器的功能表

$\overline{S_D}$	$\overline{R_D}$	CP	J	K	Q_n	Q_{n+1}	逻辑功能
0	1	×	×	×	×		
1	0	×	×	×	×		
1	1	↓	0	0	0		
1	1	↓	0	0	1		
1	1	↓	0	1	0		
1	1	↓	0	1	1		
1	1	↓	1	0	0		
1	1	↓	1	0	1		
1	1	↓	1	1	0		
1	1	↓	1	1	1		

（3）将负边沿 JK 触发器转换为 D，T 和 T′触发器

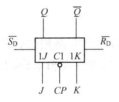

图 6-25　负边沿 JK 触发器电路图

将 74LS112（负边沿 JK 触发器）转换成 D 触发器、T 触发器和 T′触发器，如图 6-26 所示。从 CP 端输入 $f=10\text{ kHz}$ 的连续脉冲信号，用示波器观察 CP、Q 和 $\overline{Q}$ 的波形，并记录下来。

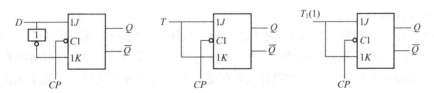

图 6-26　JK 触发器转换成 D、T 和 T′触发器

6. 巡回指导要点

1）指导学生正确连线；
2）指导学生正确测试。

7. 训练效果评价标准

1）完成集成门电路 74LS112 双负边沿 JK 触发器的测试，正确获取测试结果（50 分）。
要求：①正确操作仪器；②填写并完成表格。

2) 掌握基本集成门电路 74LS112 双负边沿 JK 触发器的引脚功能及工作原理（30 分）。

要求：①能正确表达所测试集成门电路的工作原理；②能灵活应用集成门电路组合所需门电路。

在以上的检测过程中，能够正确操作，不出现违规现象，不损坏仪器（20 分）。

任务 6.4　抢答器电路设计

【学习目标】

1) 理解并会分析抢答器电路。
2) 掌握抢答器电路的功能测试方法。

【任务布置】

1) 借助多媒体资源进行抢答器电路分析与设计的讲解。
2) 使用实训室仪器和设备进行中规模集成电路 3 人抢答器电路的连接并掌握电路工作原理。
3) 在电工实训室进行中规模集成电路 3 人抢答器电路的调试。

【任务分析】

抢答器电路是一种将模拟电路和数字电路相结合的集成电路，使用灵活方便，应用广泛，通过对该电路的设计可以充分掌握时序逻辑电路的设计方法，并较好地掌握触发器应用电路。

【知识链接】

6.4.1　数码寄存器

由于一个触发器可以储存 1 位二进制数码，用 N 个触发器就可组成一个能存储 N 位二进制数码的寄存器。

图 6-27a 所示寄存器由基本 RS 触发器组成。如图 3-27 所示，数据信号加在 S 端，置 0 信号加在 R 端，接收数据信号分两步（拍）进行。第一步是用置"0"信号将所有触发器清零；第二步是用一个接收信号将数据存入寄存器。当接收脉冲到达时，若数据 $D_2D_1D_0=100$，与非门 $G_2G_1G_0$ 的输出为 0 1 1，G_2 输出 0 使触发器 S 置 1，$Q_2=1$，而 $Q_1=Q_0=0$ 不变，于是寄存器就把 1 0 0 这个数码接收进去，并保存起来。

图 6-27b 所示也是由基本 RS 触发器组成的寄存器。当接收脉冲到达时，所有的与非门都被开启，若 $D_i=1(i=0,1,2)$，则 $S_i=0$，$R_i=1$，基本 RS 触发器 Q_i 被置 1；若 $D_i=0$，则 $S_i=1$，$R_i=0$，触发器被置 0。可见在接收脉冲到来时，R、S 端可以同时接收信号，不必先将触发器清零。因此一步就完成数据的存储，故称为单拍接收方式的寄存器。

图 6-27c 所示为用 D 触发器组成的寄存器，它也是单拍接收方式。

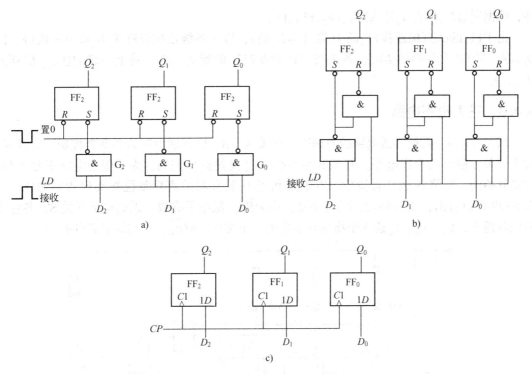

图 6-27 3 位二进制寄存器
a) 由 RS 触发器组成的双拍接收方式 b) 由 RS 触发器组成的单拍接收方式
c) 由 D 触发器组成的单拍接收方式

6.4.2 乘 2 运算电路（移位寄存器）

在二进制算术运算中，乘 2 运算可以通过将被乘数向高位方向移动 1 位来完成，图 6-28 所示电路即可实现这一功能。

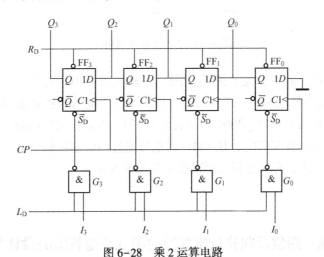

图 6-28 乘 2 运算电路

FF_3、FF_2、FF_1 和 FF_0 的 $\overline{S_D}$、R_D 组成如图 6-28 所示的两拍寄存器。先在 L_D 端加入一个正脉

冲，数据通过I_3、I_2、I_1、I_0送入FF_3、FF_2、FF_1、FF_0。

由于FF_0的Q_0直接连接FF_1的D端（即D_1端），以下各级依次以FF_i的Q_n接下一级FF_{i+1}的D_{i+1}端。当CP上升沿到达时，各级按"D触发器"的形式工作。将上一级的$Q_{(i-1)_n}$值移入$Q_{i(n+1)}$上。

6.4.3 三人抢答电路

图6-29为三人抢答器电路的原理图。开关A、B、C分别由三名参赛者控制。比赛时，按下开关，使该端为高电平。开关S由主持人（裁判员）控制。为了保证电路正常工作，比赛开始前，要将各触发器清零。本电路利用D触发器的直接复位端实现清零功能。由图6-29可以看出，该D触发器的直接复位端为$\overline{R}_D$，低电平有效。因此按下开关S，各触发器同时清零，V_A、V_B、V_C这3个指示灯全熄灭。正常比赛时$\overline{R}_D$、$\overline{S}_D$均处于高电平。

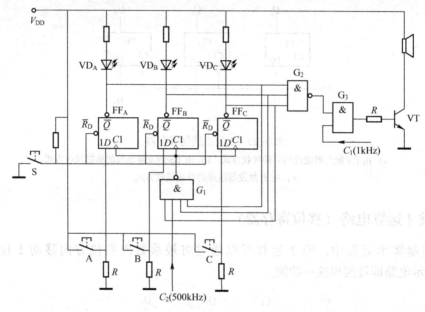

图6-29　3人抢答器电路图

抢答开始后，若开关A首先被按下，则FF_A的输入信号为高电平，在C_2脉冲作用下，相应的$\overline{Q}$为低电平。这个低电平一方面将门G_1封锁，使C_2不能送至各触发器的时钟输入端，以保证即使再按开关B或C时FF_B和FF_C也不会置1，另一方面使对应的发光二极管V_A点亮，同时使门G_2输出高电平，打开门G_3，让1kHz的信号通过门G_3送给蜂鸣器而使其发叫声。这种状态将一直持续下去，直到主持人再次按下开关S为止。

【任务实施】

6.4.4 技能训练：四位双向移位寄存器的测试及抢答器的设计与调试

1. 训练任务

通过对常用门电路的逻辑功能测试，掌握门电路工作原理及相应的逻辑表达式，熟悉所用集成电路的引脚位置及各引脚的功能。

2. 训练目标

1）熟悉门电路的逻辑功能；
2）掌握数字电路实验箱及示波器的使用方法；
3）掌握门电路逻辑功能的检测。

3. 仪表、仪器与设备

数字电路实验箱、74LS194 的四位双向移位寄存器、74LS175 的四 D 触发器。

4. 相关知识

移位寄存器是指寄存器中所存的代码能够在移位脉冲的作用下依次左移。74LS194 是一个四位双向移位寄存器，最高时脉冲为 36 MHz，其逻辑符号及引脚排列如图 6-30 所示。其中：$D_0 \sim D_3$ 为并行输入端；$Q_0 \sim Q_3$ 为并行输出端；S_R 为右移串行输入端；S_L 为左移串行输入端；S_1 和 S_0 为操作模式控制端；$\overline{CR}$ 为直接无条件清零端；CP 为时钟脉冲输入端。74LS194 模式控制与逻辑状态的输出如表 6-17 所示。

由 D 触发器附加必要的门电路构成的四路抢答器如图 6-31 所示。准备工作之前，四路输出 $Q_0 \sim Q_3$ 均为 0，对应的指示灯 $LED_0 \sim LED_3$ 都不亮。开始工作（抢答开始）时，哪一个开关按下，对应的输出就为 1，点亮相应的指示灯，同时相应的反相输出端为 0，使门 G_2 输出 0，将门 G_3 封锁，再按任何开关，CP 都不起作用了。这样很容易从灯亮的情况判断是哪一路最先抢答的。

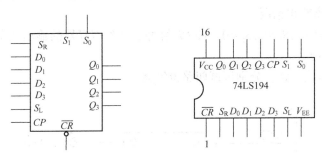

图 6-30 74LS194 逻辑符号及引脚分布图

表 6-17 74LS194 模式控制与逻辑状态的输出表

CP	$\overline{CR}$	S_1	S_0	功能	$Q_3Q_2Q_1Q_0$
×	0	×	×	清除	$\overline{CR}=0$ 时，$Q_3Q_2Q_1Q_0=0000$；正常工作时，$\overline{CR}$ 置 1
↑	1	1	1	送数	$Q_3Q_2Q_1Q_0=D_3D_2D_1D_0$，此时串行数据（$S_R$，$S_L$）被禁止
↑	1	0	1	右移	$Q_3Q_2Q_1Q_0=D_{SR}Q_3Q_2Q_1$
↑	1	1	0	左移	$Q_3Q_2Q_1Q_0=Q_2Q_1Q_0D_{SL}$
↑	1	0	0	保持	$Q_3Q_2Q_1Q_0=Q_3^nQ_2^nQ_1^nQ_0^n$
↓	1	×	×	保持	$Q_3Q_2Q_1Q_0=Q_3^nQ_2^nQ_1^nQ_0^n$

5. 训练要求

1）电源的正、负极不能接反，电压值不能超过规定范围；

2) 认真接线，特别注意电路的输出端切勿与电源线或地线短路；

3) 应注意元器件有无发烫、异味、冒烟，若发现应立即关断电源，保持现场并报告老师。找出原因，排除故障，经指导老师同意后再继续实训；

4) 训练过程中需要改动接线时，应先关断电源后才能拆、接连线；

5) 训练完毕且经指导老师同意后，可关断电源且拔出电源插头，拆除连线并整理好后放入实验箱内。

6. 任务实施步骤

(1) 测试74LS194的逻辑功能

根据图6-30的右图来接线，$\overline{CR}$、S_1、S_0、S_L、S_R、D_3、D_2、D_1、D_0分别接逻辑电平开关输入插孔，$Q_3Q_2Q_1Q_0$用LED电平显示，CP接单脉冲源输出插孔。按表6-17进行逐项对比测试。

1) 清零：令$\overline{CR}=0$，此时$Q_3Q_2Q_1Q_0=0000$。之后置$\overline{CR}=1$。

2) 送数：令$\overline{CR}=S_1=S_0=1$，$D_3D_2D_1D_0=0101$，加CP脉冲，观察CP=0、CP由0到1、CP由1到0，三种情况下寄存器输出状态的变化。结果应该是：输出状态的变化应发生在CP的上升沿。

3) 右移：令$\overline{CR}=1$，$S_1=0$，$S_0=1$，由右移输入端S_R送入二进制码0100，由CP端加入4个脉冲，观察输出情况。

4) 左移：先清零或预置，再令$\overline{CR}=1$，$S_1=1$，$S_0=0$，从左移输入端S_L送入1010；连续输入4个脉冲，观察输出情况。

5) 保持：令$\overline{CR}=1$，$S_1=0$，$S_0=0$，加CP脉冲，观察寄存器的输出状态是否变化。

(2) 四路抢答器

参照图6-31连接电路，分别调试四路抢答器。

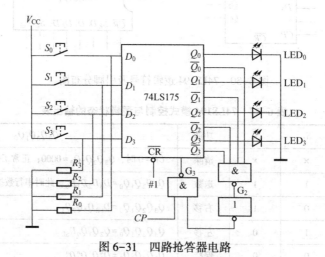

图6-31 四路抢答器电路

7. 巡回指导要点

1) 指导学生正确连线；

2) 指导学生正确测试。

8. 实训效果评价标准

1）完成集成门电路74LS194的逻辑功能的测试，正确获取测试结果（40分）。

要求：①正确操作仪器；②填写并完成表格。

2）完成四路抢答器的调试，掌握74LS175四D触发器的引脚功能及工作原理（40分）。

要求：①能正确表达所测试集成门电路的工作原理；②能灵活应用集成门电路组合所需门电路。

在以上的检测过程中，能够正确操作，不出现违规现象，不损坏仪器（20分）。

项目 7 数字钟的分析与设计

【项目描述】

数字钟是一种用数字电路技术实现时、分、秒计时的装置，与机械式时钟相比具有更高的准确性和直观性，且无机械装置，具有更长的使用寿命，已得到广泛的使用。数字钟一般由振荡器、分频器、译码器、显示器等部分组成，这些都是数字电路中最基本的，应用最广的电路。

任务 7.1 计数器的分析与测试

【学习目标】

1）掌握计数器的基本概念及分类。
2）掌握计数器的逻辑功能，理解计数器使能端的作用，理解同步置数、异步清零的概念。
3）能看懂中规模集成计数器的引脚排列图和逻辑功能图，会测试中规模集成计数器的逻辑功能。
4）能用中规模集成计数器构成任意进制计数器。

【任务布置】

1）使用实训室仪器和数字电路试验箱进行计数器 74LS161 逻辑功能的测试，掌握计数器 74LS161 的清零、置数及计数功能等。
2）使用实训室仪器、数字电路试验箱、集成模块 74LS161 及辅助门电路实现十二进制和七进制计数器。

【任务分析】

先了解计数器的基本工作原理，再分别学习常用的同步及异步计数器。
重点掌握计数器的功能图表，通过测试可以更深入掌握计数器的清零、置数、计数、保持等功能。在熟悉中规模计数器的基础上借助辅助的门电路灵活组建任意进制计数器。

【知识链接】

7.1.1 计数器的基本概念及基本原理

计数器是应用最广的时序电路。它的基本逻辑功能就是利用计数器的不同状态来记忆输出脉冲的个数。除此之外，计数器还可作为分频器、定时器等。

1. 计数器分类

计数器是由各种触发器级联而成的。它的电路种类很多，若按计数的进制来分，可分为"二进制计数器""十进制计数器"等；若按触发器翻转的先后次序来分，可分为"同步计数器"和"异步计数器"；若按计数过程中数字的增减来分，可分为"加法计数器""减法计数器"和"可逆计数器"。另外按预置功能和清零功能还可分为同步预置、异步预置，同步清零和异步清零。这些计数器功能比较完善，可以自由扩展、通用性强。此外，还可以计数器为核心器件，辅以其他组件实现时序电路的设计。

2. 计数器的基本工作原理

最简单的计数器仅由一个触发器构成，称为一位二进制计数器。令触发器初始状态为0，在输入一个计数脉冲后，则变为1状态，再输入一个计数脉冲，又变为0状态，同时输出一个进位信号。这种计数器通常是由JK触发器或D触发器接成的T触发器构成。它是构成多位二进制计数器的基础。

如图7-1所示是由3个JK触发器组成的计数器，它的结构特点是：各级触发器的时钟脉冲来源不同，除第一级 CP 由外加时钟脉冲控制外，其余各级的 CP 均来自上一级的 Q 输出端，所以各触发器的动作时刻不一致，故称为异步计数器。图中各触发器的JK端均悬空，悬空相当于置1态，即各触发器的 $J=K=1$，根据JK触发器的真值表知各触发器都处于计数状态，即每来一个时钟脉冲，触发器输出状态翻转一次，各触发器均在 CP 的下降沿到来时刻翻转。计数脉冲 CP 加在最低位触发器 FF_0 的时钟端，低一位触发器的输出 Q 端依次触发高位触发器的时钟端。

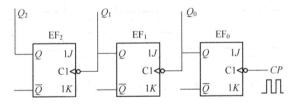

图7-1 三位二进制计数器

下面分析其工作过程：设计数器初态为 $Q_2Q_1Q_0=000$，第一个 CP 的下降沿到达时，Q_0 由0变为1，由于 Q_0 端出现的是正跳变，所以 Q_1、Q_2 都不翻转，计数器状态变为 $Q_2Q_1Q_0=001$。当第二个 CP 下降沿到达时，Q_0 再次翻转，由1变为0，此时它的负跳变使 Q_1 翻转，由0变为1，Q_2 状态不变，此时的计数状态为 $Q_2Q_1Q_0=010$。依次分析，经过8个计数脉冲后，计数器又恢复到原态，完成一个计数循环，可得到如表7-1所示的逻辑状态表。由状态表可转换为如图7-2所示逻辑状态图。在逻辑状态图中可直观地看出输出状态 $Q_2Q_1Q_0$ 在 CP 脉冲触发下，由初始000状态依次递增到111状态，再回到000状态。一个工作周期需要8个 CP 下降沿触发，所以是三位二进制（八进制）异步加法计数器。

从以上分析可以看出：一个触发器可以表示一位二进制数，两个触发器串联，就有四种状态（$2^2=4$），可构成四进制计数器，n 个触发器串联，可构成 2^n 进制计数器。为了清楚地描述 $Q_2Q_1Q_0$ 状态受脉冲触发的时序关系，还可以用时序波形图来表示计数器的工作过程，如图7-3所示，图中向下的箭头表示下降沿触发。另外，由时序图可看出计数器的分频功能：Q_0 的频率是 CP 的1/2；Q_1 的频率是 CP 的1/4（$1/2^2$）；Q_2 的频率是 CP 的1/8（$1/2^3$）；

即高一位的频率是低一位的1/2，称为2分频。由 n 个触发器构成的二进制计数器，最高位触发器能实现 2^n 分频。所以 Q_2 为 CP 的8分频，计数器的计数顺序从000到111，每来一个 CP 时加1，所以叫加法计数器。

表7-1 三位二进制计数器逻辑状态表

CP脉冲序号	计数器状态		
	Q_2	Q_1	Q_0
0	0	0	0
1	0	0	1
2	0	1	0
3	0	1	1
4	1	0	0
5	1	0	1
6	1	1	0
7	1	1	1
8	0	0	0

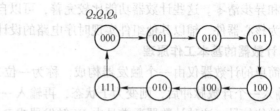

图7-2 三位二进制计数器逻辑状态图

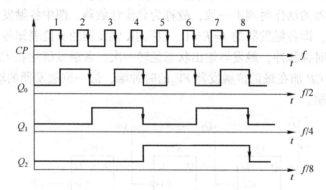

图7-3 异步加法计数器时序图及分频功能

异步计数器结构简单，电路工作可靠；缺点是速度较慢，这是因为计数脉冲 CP 只加在最低位触发器的时钟端，其他高位触发器要由相邻地位触发器的输出端来触发，因而各触发器的状态变化不是同时进行，而是"异步"的。由于异步计数器的进位信号是逐级传递的，因而计数速度受到限制。为了提高计数器的工作速度，可将计数脉冲同时加到计数器中各触发器的 CP 端，使它们的状态变换与计数脉冲同步，这种计数器称为同步计数器。同步计数器的工作原理类似，只不过触发器翻转是靠控制触发器的 JK 端实现。

目前计数器有多种集成电路产品可供选择。通常集成计数器为 BCD 码十进制计数器或四位二进制计数器，它们的功能比较完善，还可以扩展，使用十分广泛，下面介绍几种常用的计数器，说明它们的功能和扩展应用的方法。

7.1.2 集成同步计数器

1. 集成同步加法计数器 74LS160/161

中规模集成同步计数器的产品型号比较多，74LS160~163均是在计数脉冲 CP 上升沿作用下进行加法计数，其中 74LS160/161 二者引脚相同，逻辑功能也相同，所不同的是 74LS160 为十进制，而 74LS161 为十六进制。现以 74LS160/161 为例分析其功能。

(1) 器件符号及引脚图

74LS160/161 的逻辑符号和引脚排列如图 7-4 所示，其中 $\overline{R_D}$ 为异步清零端，$\overline{LD}$ 为同步置数端，EP、ET 为计数使能控制端，CP 为计数脉冲输入端，D_0、D_1、D_2、D_3 是预置数输入端，Q_0、Q_1、Q_2、Q_3 为输出端，RCO 为进位输出端，它的设置为多片计数器的级联扩展提供了方便，其逻辑状态表如表 7-2 所列。

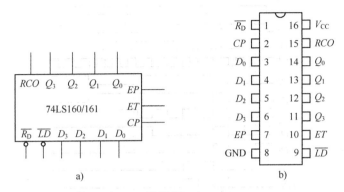

图 7-4 计数器 74LS160/161

表 7-2 74LS160/161 逻辑状态表

输入									输出				功能说明
$\overline{R_D}$	$\overline{LD}$	EP	ET	CP	D_3	D_2	D_1	D_0	Q_3	Q_2	Q_1	Q_0	
0	×	×	×	×	×	×	×	×	0	0	0	0	异步清零
1	0	×	×	↑	d_3	d_2	d_1	d_0	d_3	d_2	d_1	d_0	同步并行置数
1	1	0	×	×	×	×	×	×	Q_3	Q_2	Q_1	Q_0	保持
1	1	×	0										
1	1	1	1	↑	×	×	×	×	同步加法计数				计数

(2) 器件功能分析

74LS160/161 详细功能见表 7-2：

1) 异步清零。即当 $\overline{R_D}=0$ 时，不管其他输入的状态如何，计数器输出将被直接置零，称为异步置零，清零信号低电平有效。

2) 同步并行置数。即当 $\overline{LD}=0$，在 $\overline{R_D}=1$（清 0 端无效），且有时钟脉冲 CP 的上升沿到达时，预置输入 D_0、D_1、D_2、D_3 将被同时分别置入到 Q_0、Q_1、Q_2、Q_3。由于在时钟作用下完成置入，所以称同步置数。

3) 保持。在 $\overline{R_D}=\overline{LD}=1$，当 $EP \cdot ET=0$，计数器保持原状态不变。但当 $ET=0$、$EP=1$，输出 $RCO=0$；而当 $ET=1$、$EP=0$，输出 RCO 也保持不变。

4) 计数。当 $\overline{R_D}=\overline{LD}=ET=EP=1$（均无效），计数器在 CP 上升沿作用下，执行四位二进制同步加法计数，74LS160/161 分别按十进制/十六进制加法方式进行计数。

(3) 时序图

图 7-5 所示为同步十进制计数器 74LS160 时序图，从时序图可直观地看到 $\overline{R_D}$、$\overline{LD}$、EP、ET 均为低电平有效，且控制级别均高于 CP 脉冲，其中 $\overline{R_D}$ 优先级别最高，其次是 $\overline{LD}$、EP、ET。只有当 $\overline{R_D}$、$\overline{LD}$、EP、ET 均为高电平（即无效）时，在 CP 脉冲有效沿作用下才

进行加法计数,当第 10 个 CP 脉冲上升沿到来时,进位信号 RCO 来一个下降沿,表示产生一个进位信号(逢 10 进 1)。

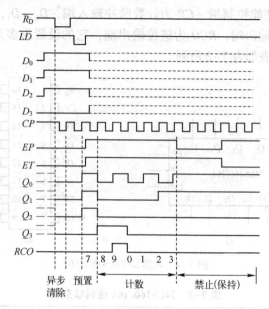

图 7-5 计数器 74LS160 时序图

2. CMOS 系列集成同步双十进制加法计数器 CD4518

CD4518 是较常用的一种 CMOS 同步十进制计数器,主要特点是时钟触发既可以用上升沿,也可用下降沿,输出为 8421 码,CD4518 的引脚排列如图 7-6 所示。

CD4518 内含有两个完全相同的十进制计数器,每一个计数器均有两个时钟输入端 CP 和 EN,若从 CP 端输入时钟信号,则要求上升沿触发,同时将 EN 端设为高电平;若从 EN 端输入时钟脉冲信号,则要求下降沿触发,同时将 CP 端设为低电平,CR 为清零端,高电平有效,若 CR 端加高电平或者正脉冲时,计数器的各输出端均为 0,CD4518 逻辑功能如表 7-3 所示。

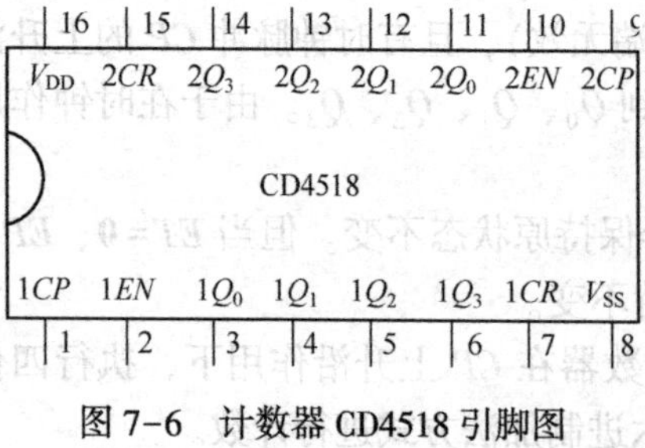

表 7-3 计数器 CD4518 功能表

输入			输出
CR	CP	EN	
1	×	×	全部为 0
0	↑	↑	加计数
0	0	↓	加计数
0	↓	×	保持
0	×	0	保持
0	↑	0	保持
0	1	↓	保持

图 7-6 计数器 CD4518 引脚图

7.1.3 集成异步计数器

常用到的集成异步计数器芯片有 74LS290、74LS292、74LS293、74LS390、74LS393 等几

种，它们的功能和应用方法基本相同，下面以二-五-十进制异步计数器 74LS290 为例进行介绍。

74LS290 的逻辑符号及引脚排列如图 7-7 所示，其中 $S_{9(1)}$、$S_{9(2)}$ 为直接置"9"端；$R_{0(1)}$、$R_{0(2)}$ 为直接清"0"端；$\overline{CP_0}$、$\overline{CP_1}$ 为计数脉冲输入端，$Q_3 \sim Q_0$ 为输出端。

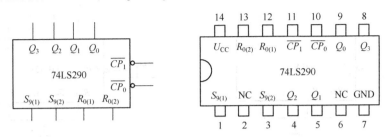

图 7-7 二-五-十进制异步计数器 74LS290

74LS290 是典型的异步计数器，它由 1 个 1 位二进制计数器和 1 个异步五进制计数器组成，如图 7-8 所示。如果计数器脉冲由 $\overline{CP_0}$ 端输入，Q_0 端输出，即为二进制计数器。如果计数脉冲由 $\overline{CP_1}$ 端输入，$Q_3 \sim Q_1$ 端输出，即为五进制计数器。如果将 Q_0 与 $\overline{CP_1}$ 相连，计数脉冲由 $\overline{CP_0}$ 输入，$Q_3 \sim Q_0$ 输出，即为 8421 码十进制计数器。如果将 Q_3 与 $\overline{CP_0}$ 相连，计数脉冲由 $\overline{CP_1}$ 输入，$Q_0 Q_3 Q_2 Q_1$ 输出，即为 5421 码十进制计数器，因此又称二-五-十进制异步计数器。其功能表如表 7-4 所示。

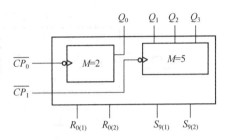

图 7-8 74LS290 内部结构示意图

表 7-4 计数器 74LS290 逻辑状态表

$S_{9(1)}$	$S_{9(2)}$	$R_{0(1)}$	$R_{0(0)}$	$\overline{CP_0}$	$\overline{CP_1}$	Q_3	Q_2	Q_1	Q_0
H	H	L	×	×	×	1	0	0	1
H	H	×	L	×	×	1	0	0	1
L	×	H	H	×	×	0	0	0	0
×	L	H	H	×	×	0	0	0	0
$S_{9(1)} \cdot S_{9(2)} = 0$ $R_{0(1)} \cdot R_{0(2)} = 0$				CP	0	二进制			
				0	CP	五进制			
				CP	Q_0	8421 十进制			
				Q_3	CP	5421 十进制			

由逻辑状态表可知其逻辑功能如下：

1) 直接置 9：当 $S_{9(1)} \cdot S_{9(2)} = 1$，$R_{0(1)} \cdot R_{0(2)} = 0$，不论时钟脉冲输入如何，计数器输出 $Q_3 Q_2 Q_1 Q_0 = 1001$，故称为异步置 9 功能。

2) 直接清 0：当 $R_{0(1)} \cdot R_{0(2)} = 1$，$S_{9(1)} \cdot S_{9(2)} = 0$，不论时钟脉冲输入如何，计数器输出 $Q_3 Q_2 Q_1 Q_0 = 0000$，故称为异步清零功能或复位功能。

3) 计数：$R_{0(1)} \cdot R_{0(2)} = 0$，$S_{9(1)} \cdot S_{9(2)} = 0$，输入计数脉冲时，开始计数，图 7-9 是它的几种基本计数方式。当计数器脉冲由 $\overline{CP_0}$ 端输入，Q_0 端输出，即为二进制计数器，如图 7-9a 所示；如果计数脉冲由 $\overline{CP_1}$ 端输入，$Q_3 \sim Q_1$ 端输出，即为五进制计数器，如图 7-9b 所示；如果将 Q_0 与 $\overline{CP_1}$ 相连，计数脉冲由 $\overline{CP_0}$ 端输入，$Q_3 \sim Q_0$ 端输出，先进行二进制计数再

153

进行五进制计数，即组成标准 8421 码十进制计数器，如图 7-9c 所示；如果将 Q_3 与 $\overline{CP_0}$ 相连，计数脉冲由 $\overline{CP_1}$ 端输入，$Q_0 Q_3 Q_2 Q_1$ 端输出，先进行五进制计数再进行二进制计数，即组成 5421 码十进制计数器，如图 7-9d 所示。

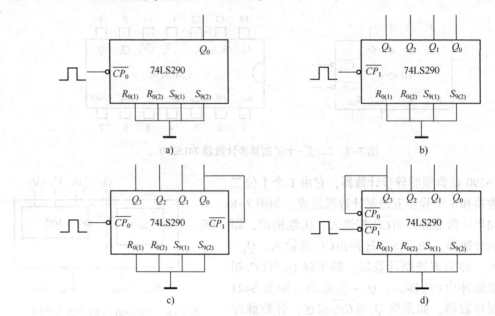

图 7-9 异步计数器 74LS290 基本计数方式
a) 二进制 b) 五进制 c) 十进制（8421 码） d) 十进制（5421 码）

7.1.4 任意进制计数器的实现

尽管集成计数器的品种很多，但也不可能任一进制的计数器都有其对应的集成产品。当需要用到它们时，只能用现有的成品计数器外加适当的电路连接而成。

用现有的 M 进制集成计数器构成 N 进制计数器时，如果 M>N，则只需一片 M 进制计数器；如果 M<N，则要用多片 M 进制计数器。下面结合实例分别介绍这两种情况的实现方法。

1. 反馈清零法

反馈清零法适用于有清零输入端的集成计数器。反馈清零法是利用反馈电路产生一个给计数器的复位信号，使计数器各输出端为零（清零）。反馈电路一般是组合逻辑电路，计数器输出的部分或全部作为其输入，在计数器一定的输出状态下即时产生复位信号，使计数电路同步或异步地复位。反馈清零法的逻辑框图见图 7-10。

用一片 74LS290 构成七进制加法计数器（74LS290 为异步清零的计数器）。

反馈置"0"实现方法：图 7-11 中将 74LS290 接成 8421 码十进制方式，在计数脉冲作用下，当状态出现 0111 时，$Q_2 Q_1 Q_0 = 111$，与门输出反馈时 $R_{0(1)} \cdot R_{0(2)} = 1$，清 0 功能有效，计数器立即清零，即迅速复位到 0000 状态，重新开始新一轮计数。状态 0111 仅瞬间存在，即刚到 0111 状态时就迅速清零，实际出现的计数状态为 0000~0110 这 7 种（而不含有 0111），故为七进制计数器。

2. 反馈置数法

反馈置数法将反馈逻辑电路产生的信号送到计数电路的置位端，在满足条件时，计数电路输出状态为给定的二进制码。反馈置数法的逻辑框图如图 7-12 所示。

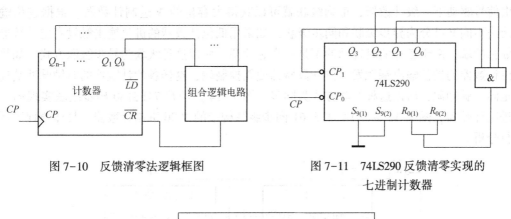

图 7-10　反馈清零法逻辑框图　　　图 7-11　74LS290 反馈清零实现的
　　　　　　　　　　　　　　　　　　　　　　　七进制计数器

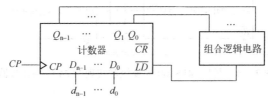

图 7-12　反馈置数法逻辑框图

现用一片 74LS160 构成六进制计数器（74LS160 为同步置数的计数器）。

反馈置数法是利用置数端 $\overline{LD}$ 和数据输入端 $D_3 D_2 D_1 D_0$ 来实现，因 $\overline{LD}$ 是同步置数，所以只能采用 $N-1$ 值反馈法。如图 7-13 左图，先预置 $D_3D_2D_1D_0 = 0000$，并以此为计数初始状态，当第 5 个时钟脉冲上升沿到来时，$Q_3Q_2Q_1Q_0 = 0101$，则 $\overline{LD} = \overline{Q_2 Q_1} = 0$，置数功能有效，但此时还不能置数（因第 5 个时钟脉冲上升沿已经过去），只有当第 6 个时钟脉冲上升沿到来时，才能同步置数使 $Q_3Q_2Q_1Q_0 = D_3D_2D_1D_0 = 0000$，完成一个计数周期计数过程。预置的数可以不是 0000，只要改变接线都可以实现六进制计数，图 7-13 中间图是用预置数 0100 实现的六进制加法计数器，图 7-13 右图是用预置数 0011 实现的六进制加法计数器。

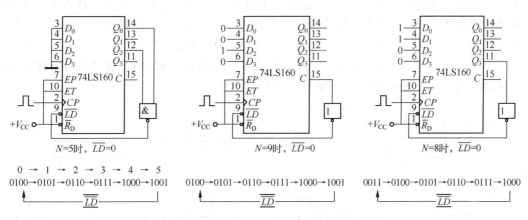

图 7-13　74LS160 反馈置数法实现的六进制计数器

3. 级联法

常用的计数器模值为 10 和 16，为了扩大计数器范围，常用多个十进制或者十六进制计数器级联使用，一般计数器往往设有进位（或借位）输出端，故可选用其进位（或借位）输出信号驱动下一级计数器，正确级联就可以获得大容量的 N 进制计数器。根据进位输出的接法不同又可分为异步级联和同步级联，如果用低位计数器的进位输出触发高位计数器的计数脉冲端，由于各片的时钟脉冲不是一个脉冲源，所以这种级联为异步级联方式。如果用低位计数器的进位输出端触发高位计数器的使能控制端，这样各片计数器的时钟脉冲端连接的是同一脉冲源，所以这种级联方式为同步。图 7-14 为两片 74LS160 异步级联实现的二十四进制计数器，图 7-15 为三片 74LS161 同步级联构成的 4096 进制计数器。具体原理读者可自行分析。

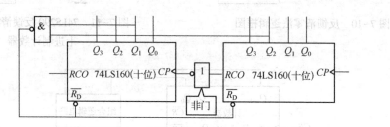

图 7-14　两片 74LS160 异步级联实现的 24 进制计数器

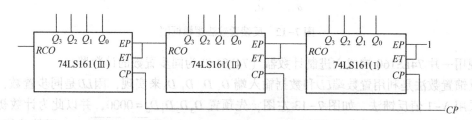

图 7-15　三片 74LS161 同步级联构成的 4096 进制计数器

例：试用一片双 BCD 同步十进制加法计数器 CD4518 构成二十四进制及六十进制计数器。

解：每当个位计数器到 9(1001) 时，再来一个 CP 信号触发，即可使个位计数器回到 0(0000)；此时，十位计数器的 $2EN$ 端获得一个脉冲下降沿使之开始计数，计入 1。当十位计数器计数到 2(0100)，个位计数器计数到 4(0100) 时，通过与门控制使十位计数器和个位计数器同时清零，从而实现二十四进制计数，如图 7-16 所示。实现六十进制相对比较简单一点，个位计数器为十进制计数器，当十位计数器计数到 6(0110) 时，通过与门控制使其清零，从而实现了六十进制计数器，如图 7-17 所示。

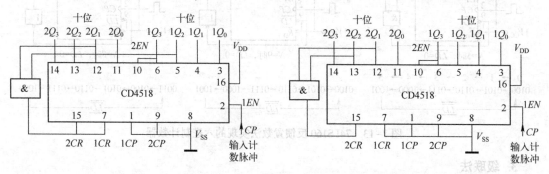

图 7-16　CD4518 构成的二十四进制计数器　　　图 7-17　CD4518 构成的六十进制计数器

【任务实施】

7.1.5 技能训练：集成计数器 74LS161 逻辑功能测试

1. 训练任务

集成计数器 74LS161 功能及应用的测试。

2. 训练目标

1) 掌握中规模集成计数器的使用及功能测试方法。
2) 学会构成 N 进制计数器的方法。

3. 仪表、仪器与设备

数字电路试验箱、集成芯片 74LS161、74LS00 二输入端与非门、74LS20 四输入端与非门、导线等部件。

4. 相关知识

计数器是典型的时序逻辑电路，它是用来累计和记忆输入脉冲的个数。计数是数字系统中很重要的基本操作，集成计数器是最广泛应用的逻辑部件之一。计数器种类较多，按构成计数器中的多触发器是否使用同一个时钟脉冲源来分，有同步计数器和异步计数器；根据计数制的不同，可分为二进制计数器、十进制计数器和任意进制计数器；根据计数的增减趋势，又分为加法、减法和可逆计数器。本实验主要研究中规模计数器 74LS161。74LS16 是四位二进制可预置同步计数器，由于它采用 4 个主从 JK 触发器作为记忆单元，故又称为四位二进制同步计数器，其集成芯片引脚如图 7-4 所示。

5. 训练要求

1) 要求测量动作规范，对集成模块插拔要谨慎、认真，以免折断引脚。
2) 集成模块的电源及接地要正确。

6. 任务实施步骤

(1) 集成计数器 74LS161 功能测试

1) 按照引脚图接好测试电路（16 脚接+5 V 电源，8 脚接 GND）。
2) 检查接线无误后，打开电源。
3) 将 $\overline{R_D}$ 置低电平，改变 EP、ET、$\overline{LD}$ 和 CP 的状态，观察 $Q_3Q_2Q_1Q_0$ 的变化，将结果记入表 7-5 中。

结论：当 $\overline{R_D}$ 置低电平时，无论 EP、ET、$\overline{LD}$ 和 CP 的状态如何变化，输出 $Q_3Q_2Q_1Q_0$ 的状态始终为_____，所以称 $\overline{R_D}$ 为异步清零端，且它是_____（高电平、低电平）有效。

4) 将 $\overline{R_D}$ 置高电平，$\overline{LD}$ 置低电平，改变置数输入端 $D_3D_2D_1D_0$ 的输入状态，改变 CP 变化 1 个周期（由高电平变为低电平，再由低电平变为高电平），观察 $Q_3Q_2Q_1Q_0$ 的状态变化，并将其记入表中（状态保持时填写 $Q^{n+1}=Q^n$，置数时填写 $Q^{n+1}=D$）。

结论：当 $\overline{R_D}$ 置高电平，$\overline{LD}$ 置低电平，改变置数输入 $D_3D_2D_1D_0$ 的输入状态，输出 $Q_3Q_2Q_1Q_0$ 的状态立刻_____（变化、不变化）。当 CP 脉冲_____（上升沿、下降沿）到来时，输入端 $D_3D_2D_1D_0$ 的输入状态才反应在输出端 $Q_3Q_2Q_1Q_0$；所以称 $\overline{LD}$ 端为同步置数端，因为它和输出_____同步。置数时需要 $\overline{LD}$ 为_____（高电平、低电平），必须等到 CP 脉冲_____（上升沿、下降沿）的到来。

5) 将$\overline{R_D}$置高电平,$\overline{LD}$接高电平,分别将 ET 和 EP 置 00、01、10、11,观察随着 CP 脉冲的变化,输出 $Q_3Q_2Q_1Q_0$ 的状态变化。

结论:当$\overline{R_D}$置高电平,$\overline{LD}$接高电平时,随着 CP 脉冲的变化,若 ET 和 EP 置 00、01 时,输出 $Q_3Q_2Q_1Q_0$ 的状态_____(变化、不变化),但 RCO=0;若 ET 和 EP 置 10 时,输出 $Q_3Q_2Q_1Q_0$ 的状态_____(变化、不变化),RCO 保持不变;若 ET 和 EP 置 11 时,输出 $Q_3Q_2Q_1Q_0$ 的状态_____(变化、不变化),且呈计数状态,每计满_____个脉冲,输出状态重复循环,所以 74LS161 是_____(2、4)位二进制计数器,又称为_____(2、4、6、8)计数器。

表 7-5 74LS161 逻辑状态表

CP	$\overline{R_D}$	$\overline{LD}$	ET	EP	Q_3^{n+1}	Q_2^{n+1}	Q_1^{n+1}	Q_0^{n+1}
×	0	×	×	×				
↑	1	0	×	×				
↓	1	0	×	×				
↑↓	1	1	0	0				
↑↓	1	1	1	0				
↑↓	1	1	1	0				
↑↓	1	1	1	1				

(2) 计数器 74LS161 应用测试

1) 用 74LS161 四位二进制同步加法计数器组成一个同步十二进制计数器,CP 端送入单次脉冲,输出 Q 依次与发光二极管相连,送入脉冲的同时观察二极管的亮、灭,并记录和分析其计数状态。

分析提示:反馈置数法是通过反馈产生置数信号$\overline{LD}$,将预置数 ABCD 预置到输入端。74LS161 是同步置数的,需 CP 和$\overline{LD}$都有效才能置数,因此$\overline{LD}$应先于 CP 出现。所以 M-1 个 CP 后就应产生有效$\overline{LD}$信号。预置数 $D_1D_2D_3D_4=0000$,应在 $Q_1Q_2Q_3Q_4=1101$ 时预置端变为低电平。

• 画出用 74LS161 所设计的十二进制计数器的电路连接图。
• 画出状态转移图。

2) 用 74LS161 四位二进制同步加法计数器组成一个同步七进制计数器,CP 端送入单次脉冲,输出依次与发光二极管相连,送入脉冲的同时观察二极管的亮、灭,并记录和分析其计数状态。

• 画出用 74LS161 所设计的七进制计数器的电路连接图。
• 画出状态转移图。

7. 巡回指导要点

1) 指导学生正确接线;
2) 指导学生正确完成测试。

8. 训练效果评价标准

1) 集成计数器 74LS161 功能测试(50 分)。

要求:正确完成 74LS161 的清零、置数等功能并把测试结果填入空格内。

2) 计数器 74LS161 应用测试（50 分）。

要求：能够利用现有的计数器 74LS161 实现 12 进制或者 7 进制计数器并能验证。

任务 7.2　数字钟电路的设计

【学习目标】

1) 了解数字钟的基本原理及电路的基本构成。
2) 了解"时、分、秒"计时的实现。

【任务布置】

使用实训室数字电路试验箱及计数器、译码器等器件搭建并调试数字钟电路。

【任务分析】

数字电子钟主要分为"时、分、秒"计数器、数码显示器、秒信号发生器和校时电路这几个部分。数字电子钟的时计数器为 24 进制计数器，分和秒计数器为 60 进制计数器，要完成计数器的显示必须由相对应的数码显示管（6 个）经译码器译码后显示。秒信号发生器可以由频率振荡器可以分频后得到，频率振荡器可以由晶体振荡器分频来提供，也可以由 555 定时电路来产生脉冲并分频为 1 Hz。秒计数到 60 后，对分计数器送入一个脉冲，进行分计数，分计数到 60 后，对时计数器送入一个秒脉冲，实现对一天 24 h 的计数。

【知识链接】

7.2.1　数字钟电路简介

数字钟是一个将"时""分""秒"显示的计时装置。它的计时周期为 24 h，显示满刻度为 23 时 59 分 59 秒。如图 7-18 所示一个基本的数字钟电路，主要由秒信号发生器、"时、分、秒，"计数器、译码器及显示器组成。将标准脉冲信号送入"秒计数器"。该计数器采用 60 进制计数器，每累计 60 s 发出一个"分脉冲"信号，该信号作为分计数器的时钟脉冲。分计数器也采用 60 进制计数器，每累计 60 min，发出一个时脉冲信号，该信号被送到时计数器。时计数器采用二十四进制计数器，可以实现一天 24 h 的累计。译码和显示电路

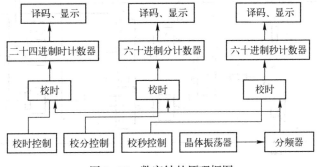

图 7-18　数字钟的原理框图

将"时、分、秒"计数器的输出状态经七段译码器译码,通过显示器显示出来。

图 7-19 所示为数字钟电路原理图,由图可见,该数字钟由秒脉冲发生器、六十进制"秒""分"计时电路和二十四进制"时"计时电路,时、分、秒译码和显示电路,校时电路和整点报时电路等 5 部分组成。

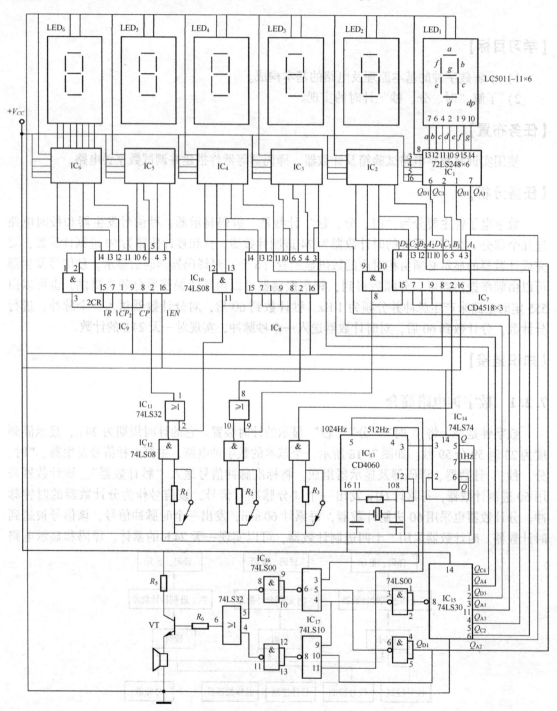

图 7-19 数字钟的原理图

7.2.2 模块电路

1. 秒脉冲发生器电路

秒信号发生器是数字电子钟的核心部分，它的精度和稳定度决定了数字钟的质量。如图 7-20 所示，秒信号发生器可以产生频率为 1 Hz 的时间基准信号，为整个数字钟提供秒信号触发脉冲。

秒信号发生器中一般采用 32768（2^{15}）Hz 石英晶体振荡器，经过 15 级二分频，获得 1 Hz 秒信号。其中 CD4060 是 14 级二进制计数器/分频器/振荡器，它与外接电阻器、电容器、石英晶体共同组成 2^{15} = 32768 Hz 振荡器，然后进行 14 级二分频，再外加一级 D 触发器 74LS74 二分频，最后输出 1 Hz 的时间基准信号。CD4060 的引脚排列如图 7-21 所示，表 7-6 为 CD4060 引脚功能表，图 7-22 为 CD4060 内部逻辑框图。图 7-20 中的 R_4 为反馈电阻，可使 CD4060 内的非门电路工作在电压传输特性的线性放大区。R_4 阻值常取 22 MΩ。C_2 为微调电容器，可将振荡频率调整到精确值。

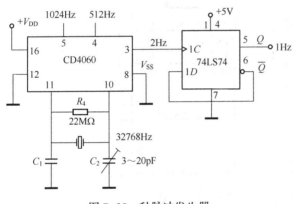

图 7-20 秒脉冲发生器

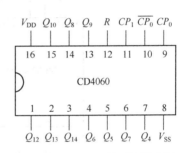

图 7-21 CD4060 的引脚排列图

表 7-6 CD4060 引脚功能表

R	CP	功能
1	×	清零
0	↑	保持
0	↓	计数

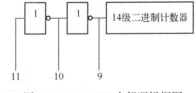

图 7-22 CD4060 内部逻辑框图

2. 计时电路

"秒""分"计时电路为六十进制计数器，其中"秒""分"个位采用十进制计数器，十位采用六进制计数器，如图 7-23 所示。"时"计时电路为二十四进制计数器，如图 7-24 所示。

3. 译码、显示电路

"秒""分""时"各部分的译码和显示电路完全相同，均采用 7 段显示译码器，74LS248 直接驱动 LED 共阴极数码管 LC5011-11。秒位译码、显示电路如图 7-25 所示，74LS248 和 LC5011-11 的引脚排列如图 7-26 所示。

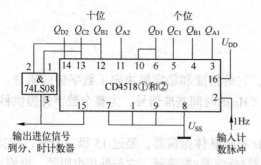
图7-23 "秒""分"计时电路

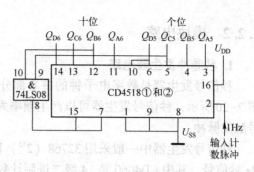
图7-24 "时"计时电路

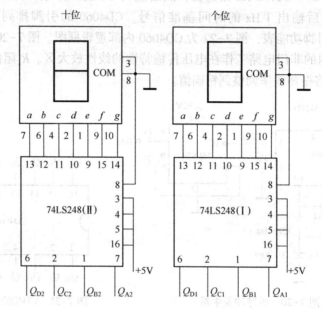
图7-25 秒位译码、显示电路

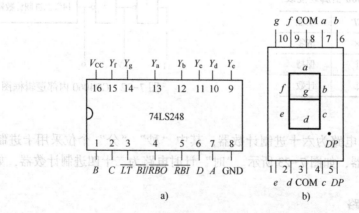
图7-26 74LS248和LC5011-11的引脚排列图

4. 校时电路

当数字钟走时不准确时，需要通过校时电路来进行校对，如图7-27所示。"秒"校时采用等待校时法，在正常工作时，将开关 S_1 置于电源 V_{DD} 位置，不影响与门 G_1 传送秒计时信号；要进行校对时，将 S_1 拨向接地位置，封闭与门 G_1，暂停秒计时。待标准秒时间到达，立即将 S_1 拨回 V_{DD} 位置，开放与门 G_1。

"分"和"时"校时采用快进校时法。正常工作时，开关 S_2 或 S_3 接地，封闭与门 G_3 或 G_5，不影响或门 G_2 或 G_4 传送秒、分的进位计数脉冲；进行校对时，将 S_2 或 S_3 拨向 V_{DD} 位置，秒脉冲通过 G_2、G_3 或 G_4、G_5 直接触发"分""时"计数器，使"分""时"计数器以秒节奏快进。待标准分、时一到，立即将 S_2 或 S_3 拨回接地位置。封锁秒脉冲信号，恢复或门 G_2、G_4，使其继续对秒、分进位计数脉冲的传送。

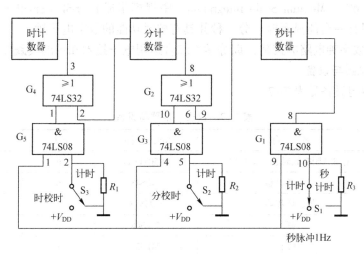

图 7-27 校时电路

5. 整点报时电路

整点报时电路提示整点时间到达，由控制和音响两部分电路组成，如图 7-28 所示。每当"分""秒"计时到 59 min 51 s 时，自动驱动音响电路发出 5 次持续 1 s 的鸣叫，前 4 次音调较低，最后 1 次音调较高。当最后 1 声鸣叫结束时，计数器正好为整点时间。

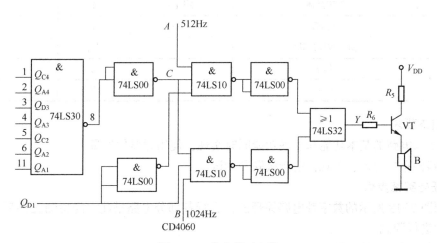

图 7-28 整点报时电路

【任务实施】

7.2.3 技能训练：数字钟电路的搭建与测试

1. 训练任务

数字钟电路的搭建与测试。

2. 训练目标

1) 掌握较复杂的数字系统的设计、搭建及调试方法。

2) 掌握用 MSI（Medium Scale Integration，中规模集成）、SSI（Small Scale Integration，小规模集成）设计一台能显示时、分、秒并具有校时功能的数字电子钟。

3) 通过对数字钟电路的搭建，训练学生综合运用电子技术知识的实践能力。

3. 仪表、仪器与设备

仪表、仪器与设备见表 7-7。

表 7-7 仪表、仪器与设备

序号	名称	型号与规格	数量	备注
1	七段共阴极数码显示管 LED	LC5011-11	6	
2	显示译码器	74LS48	6	
3	加法计数器	CD4518	3	
4	与门	74LS08	2	
5	或门	74LS32	1	
6	振荡/分频器	CD4060	1	
7	D 触发器	74LS74	1	
8	与非门	74LS30	1	
9	与非门	74LS00	1	
10	与非门	74LS10	1	
11	石英晶体	2^{15} Hz	1	
12	晶体管	9013	1	
13	电阻（阻值不同）		若干	
14	电容		2	
15	开关		若干	

4. 训练要求

1) 要求电路的基本功能和扩展功能同时实现，使用元器件尽量少。

2) 器件布局合理、美观，便于级联和调试。

5. 任务实施步骤

按照图 7-19 所示的数字钟电路原理图，进行各部分电路搭建，经检测无误后，接通电源，然后进行调试。

1) 秒信号发生器的调试。

用数字频率计测量石英晶体振荡器的输出频率，调节微调电容器 C_2，使其振荡频率为

32768Hz。再测量 CD4060 的 Q_5、Q_6 引脚输出频率，检查 CD4060 的工作是否正常。

2）计时电路的调试。

将秒脉冲送入秒计数器，检查秒个位、十位是否按十进制、六十进制进位。采用同样方法检查分计数器和时计数器。

3）译码和显示电路的调试。

观察在时钟脉冲作用下数码管的显示情况，如有异常，更换相应译码器和数码管。

4）校时电路的调试。

调试好时、分、秒计数器后，通过校时开关依次校准秒、分、时，使数字钟准确走时。

5）整点报时电路的调试。

利用校时开关加快数字钟的走时，调试整点报时电路，使其分别在 59 min 51 s、59 min 53 s、59 min 55 s、59 min 57 s 时鸣叫 4 声低音，在 59 min 59 s 时鸣叫 1 声高音。

6. 巡回指导要点

1）指导学生正确搭建电路；

2）指导学生正确完成验证。

7. 训练效果评价标准

1）对二十四进制计数器和六十进制计数器进行验证（60分）。

2）通过校准电路将时钟控制为 00 时 00 分 00 秒（40分）。

附录 常用二极管和晶体管参数选录

附表1 常用锗检波二极管

型号	最大整流电流 /mA	最高反向工作电压 /V	反向击穿电压 /V	最高工作频率 /MHz
2AP1	16	20	≥40	
2AP3	25	30	≥45	
2AP4	16	50	≥75	150
2AP5	16	75	≥110	
2AP7	12	100	≥150	
2AP9	5	15	≥20	100
2AP10	5	30	≥40	
2AP21	50	<10	>15	
2AP22	16	<30	>45	100
2AP23	25	<40	>60	

附表2 常用开关二极管

型号	反向击穿电压 U_{br}/V	最高反向工作电压 U_{rm}/V	最大正向电流 I_{fm}/mA	零偏压结电容 C_0/pF	反向恢复时间 t_{rr}/ns	反向电流 I_r/μA
2CK84A	≥40	≥30	100	≤30	≤150	≤1
2CK84B	≥80	≥60	100	≤30	≤150	≤1
2CK84C	≥120	≥90	100	≤30	≤150	≤1
2CK84D	≥150	≥120	100	≤30	≤150	≤1
2CK84E	≥180	≥150	100	≤30	≤150	≤1
2CK84F	≥210	≥180	100	≤30	≤150	≤1
2AK1	30	10	≥150	≤3	≤200	30
2AK2	40	20	≥150	≤3	≤200	30
2AK3	50	30	≥200	≤2	≤150	20
2AK5	60	40	≥200	≤2	≤150	5
2AK6	70	50	≥200	≤2	≤150	5
2AK7	50	30	≥10	≤2	≤150	20
2AK9	60	40	≥10	≤2	150	20
2AK10	70	50	≥10	≤2	150	20

附表3 NPN硅高频小功率管

	型号	3DG100A	3DG100B	3DG100C	3DG100D	3DG201	测试条件
极限参数	P_{cm}/mW	100	100	100	100	100	
	I_{cm}/mA	20	20	20	20	20	
	$U_{(br)ceo}$/V	≥20	≥30	≥20	≥30	≥30	$I_c=100$ mA
	$U_{(br)cbo}$/V	≥30	≥40	≥30	≥40	≥30	$I_c=100$ mA

(续)

	型号	3DG100A	3DG100B	3DG100C	3DG100D	3DG201	测试条件
直流参数	$I_{cbo}/\mu A$	≤0.01	≤0.01	≤0.01	≤0.01		$U_{cb}=10$ V
	$I_{ceo}/\mu A$	≤0.01	≤0.01	≤0.01	≤0.01		$U_{ce}=10$ V
	$I_{ebo}/\mu A$	≤0.01	≤0.01	≤0.01	≤0.01		$U_{eb}=1.5$ V
	$\overline{B}$	≥30	≥30	≥30	≥30	≥55	$U_{ce}=10$ V $I_c=3$ mA
交流参数	f_t/MHz	≥150	≥150	≥300	≥300	≥100	$U_{cb}=10$ V $I_c=3$ mA $f=100$ MHz $R_L=5\ \Omega$

注：3DG100原型号为3DG6。

附表4　2CZ52~57系列整流二极管

参数 型号	最大整流电流/A	最高反向工作电压（峰值）/V	最高反向工作电压下的反向电流（125℃）/μA	正向压降平均值（25℃）/V	最高工作频率/kHz
2CZ52	0.1	25、50、100、200、300、400、500、600、700、800、900、1000、1200、1400、1600、1800、2000、2200、2400、2600、2800、3000	1000	≤0.8	3
2CZ54	0.5		1000	≤0.8	3
2CZ57	5		1000	≤0.8	3
1N4001	1	50	5	1.0	
1N4002	1	100	5	1.0	
1N4003	1	200	5	1.0	
1N4004	1	400	5	1.0	
1N4005	1	600	5	1.0	
1N4006	1	800	5	1.0	
1N4007	1	1000	5	1.0	
1N4007A	1	1300	5	1.0	
1N5400	3	50	5	0.95	
1N5401	3	100	5	0.95	
1N5402	3	200	5	0.95	

注：该系列整流二极管用于电子设备的整流电路中。

附表5　硅稳压二极管

型号	参数	最大耗散功率 P_{zm}/W	最大工作电流 I_{zm}/mA	稳定电压 U_z/V	反向泄漏电流 $I_r/\mu\text{A}$	正向压降 U_f/V
1N4370	2CW50	0.25	83	1~2.8	≤10（$U_r=0.5$ V）	≤1
1N746 (1N4371)	2CW51	0.25	71	2.5~3.5	≤5（$U_r=0.5$ V）	≤1
1N747-9	2CW52	0.25	55	3.2~4.5	≤2（$U_r=0.5$ V）	≤1
1N750-1	2CW53	0.25	41	4~5.8	≤1	≤1

(续)

型号	参数	最大耗散功率 P_{zm}/W	最大工作电流 I_{zm}/mA	稳定电压 U_z/V	反向泄漏电流 I_r/μA	正向压降 U_f/V
1N752-3	2CW54	0.25	38	5.5~6.5	≤0.5	≤1
1N754	2CW55	0.25	33	6.2~7.5	≤0.5	≤1
1N755-6	2CW56	0.25	27	7~8.8	≤0.5	≤1
1N757	2CW57	0.25	26	8.5~9.5	≤0.5	≤1
1N758	2CW58	0.25	23	9.2~10.5	≤0.5	≤1
1N962	2CW59	0.25	20	10~11.8	≤0.5	≤1
1N963	2CW60	0.25	19	11.5~12.5	≤0.5	≤1
1N964	2CW61	0.25	16	12.2~14	≤0.5	≤1
1N965	2CW62	0.25	14	13.5~17	≤0.5	≤1
(2DW7A)	2DW230	0.2	30	5.8~6.0	≤1	≤1
(2DW7B)	2DW231	0.2	30	5.8~6.0	≤1	≤1
(2DW7C)	2DW232	0.2	30	6.0~6.5	≤1	≤1
2DW8A		0.2	30	5~6	≤1	≤1
2DW8B		0.2	30	5~6	≤1	≤1
2DW8C		0.2	30	5~6	≤1	≤1

附表6 PNP 硅高频中功率管

	型号	3CG7A	3CG7B	3CG7C	9012	9015	测试条件
极限参数	P_{cm}/mW	700	700	700	625	400	
	I_{cm}/mA	150	150	150	500	100	
	$U_{(br)ceo}$/V	≥15	≥20	≥35	≥20	≥45	$I_c=100\,\mu A$
	$U_{(br)cbo}$/V	≥20	≥30	≥40	≥30	≥50	$I_c=50\,\mu A$
直流参数	I_{ceo}/μA	≤1	≤1	≤1	≤0.5	≤0.5	$U_{ce}=-10\,V$
	$\bar{B}$	≥20	≥30	≥50	≥64	≥60	$U_{ce}=-6\,V$ $I_c=20\,mA$
交流参数	f_t/MHz	≥80	≥80	≥80		≥100	$U_{cb}=-10\,V$ $I_c=40\,mA$

附表7 NPN 硅高频中功率管

	型号	3DG130A	3DG130B	9011	9013	9014	9018	测试条件
极限参数	P_{cm}/mW	700	700	400	625	450	450	
	I_{cm}/mA	300	300	30	500	100	50	
	$U_{(br)ceo}$/V	≥30	≥45	≥30	≥25	≥25	≥15	$I_c=100\,\mu A$
	$U_{(br)cbo}$/V	≥40	≥60	≥50	≥40	≥40	≥30	$I_c=100\,\mu A$

(续)

	型号	3DG130A	3DG130B	9011	9013	9014	9018	测试条件
直流参数	$I_{cbo}/\mu A$	≤0.1	≤0.1	≤0.1	≤0.1	≤0.1	≤0.1	$U_{cb}=10\text{ V}$
	$I_{ceo}/\mu A$	≤0.5	≤0.5	≤0.1	≤0.1	≤0.1	≤0.1	$U_{ce}=10\text{ V}$
	$I_{ebo}/\mu A$	≤0.5	≤0.5					$U_{eb}=1.5\text{ V}$
	$\overline{B}$	≥40	≥40	≥29	≥64	≥60	≥28	$U_{ce}=10\text{ V}$ $I_c=50\text{ mA}$
交流参数	f_t/MHz	≥150	≥150	≥100		≥150	≥600	$U_{cb}=10\text{ V}$ $I_c=50\text{ mA}$ $f=100\text{ MHz}$ $R_L=5\ \Omega$
	h_{fe}色标分档	（红）30~60、（绿）50~110、（蓝）90~160、（白）>150						

附表8 常用中小功率晶体管参数表

型号	材料与极性	P_{cm}/W	I_{cm}/mA	U_{cbo}/V	f_t/MHz
3DG6C	Si-NPN	0.1	20	45	>100
3DG7C	Si-NPN	0.5	100	>60	>100
3DG12C	Si-NPN	0.7	300	40	>300
3DG111	Si-NPN	0.4	100	>20	>100
3DG112	Si-NPN	0.4	100	60	>100
3DG130C	Si-NPN	0.8	300	60	150
3DG201C	Si-NPN	0.15	25	45	150
C9011	Si-NPN	0.4	30	50	150
C9012	Si-PNP	0.625	−500	−40	
C9013	Si-NPN	0.625	500	40	
C9014	Si-NPN	0.45	100	50	150
C9015	Si-PNP	0.45	−100	−50	100
C9016	Si-NPN	0.4	25	30	620
C9018	Si-NPN	0.4	50	30	1.1×10^3
C8050	Si-NPN	1	1500	40	190
C8580	Si-PNP	1	−1500	−40	200
2N5551	Si-NPN	0.625	600	180	
2N5401	Si-PNP	0.625	−600	160	100
2N4124	Si-NPN	0.625	200	30	300

附表9 常用集成电路外引脚分布图

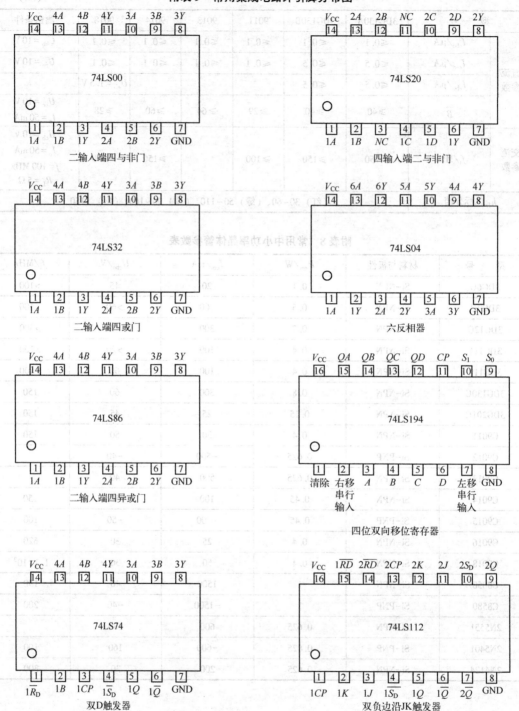

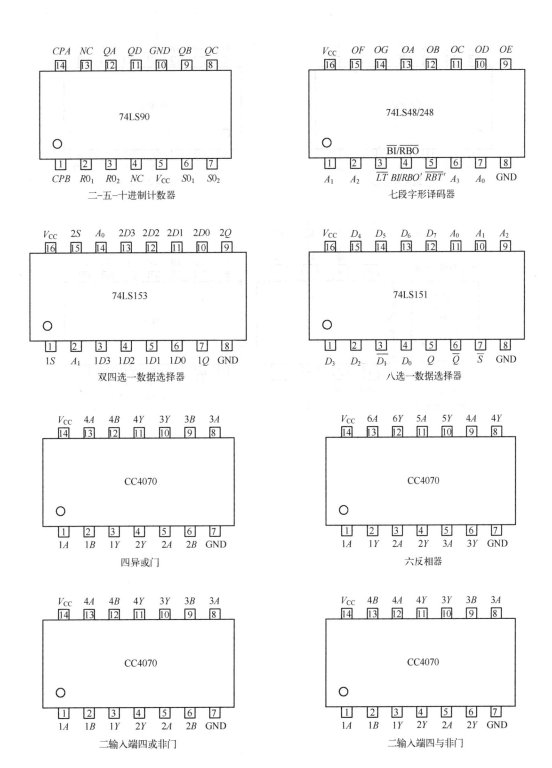

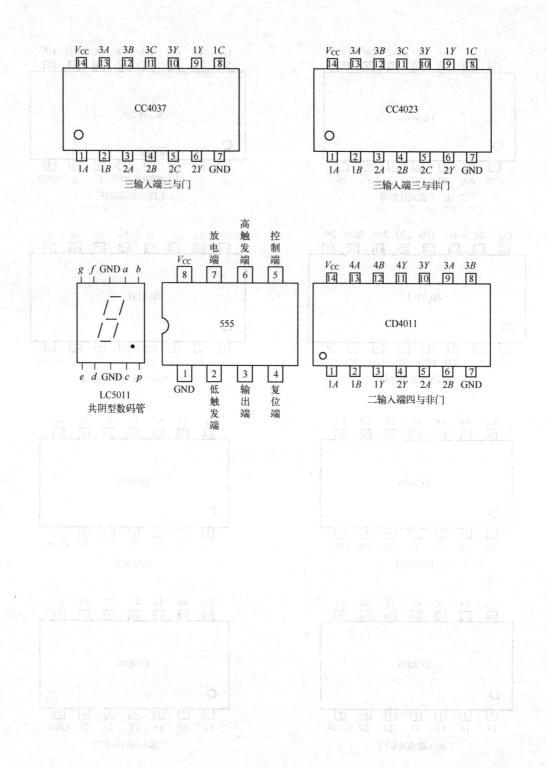

参 考 文 献

［1］秦曾煌. 电工学［M］. 4版. 北京：高等教育出版社，1990.
［2］陆国和. 电路与电工技术［M］. 北京：高等教育出版社，2001.
［3］李思政. 电子技术实训［M］. 4版. 西安：西安电子科技大学出版社，2009.
［4］何军. 电工电子技术项目化教程［M］. 北京：电子工业出版社，2010.
［5］韦玉平. 汽车电子电工［M］. 天津：天津科学技术出版社，2014.

参考文献

[1] 秦曾煌. 电工学 [M]. 北京: 高等教育出版社, 1990.
[2] 姚国珍. 电路与电工技术 [M]. 北京: 高等教育出版社, 2001.
[3] 李翰荪. 电子技术分册 [M]. 4版. 西安: 西安电子科技大学出版社, 2000.
[4] 胡宴如. 电工电子技术项目化教程 [M]. 北京: 电子工业出版社, 2010.
[5] 王卫平. 汽车电子电工 [M]. 天津: 天津科学技术出版社, 2014.